AF666922

ZEITSCHRIFT FÜR ANGEWANDTE GEOLOGIE

HERAUSGEGEBEN VOM
ZENTRALEN GEOLOGISCHEN INSTITUT
IM AUFTRAG DES
STAATSSEKRETARIATS FÜR GEOLOGIE

AUS DEM INHALT

F. Stammberger
Die Stellung der ökonomischen Geologie im gesellschaftlichen Reproduktionsprozeß
Aus Anlaß des Erscheinens der „Politischen Ökonomie des Sozialismus und ihre Anwendung in der DDR"

F. Choukér
Anwendungsmöglichkerten und Grenzen der gegenwärtig in der Grundwassererkundung eingesetzten geophysikalischen Verfahren

J. Pommerenke & G. Gruber
Berechnung von Mehrbrunnenanlagen nach Paavel auf dem Rechner ZRA 1

G. Tischendorf, S. Lächelt & J. Rentzsch
Zu Problemen der Metallogenie in der Deutschen Demokratischen Republik
II. Einige Bemerkungen zur Methodik und zu den nächsten Aufgaben

E. K. Ustijew
Gegenwart und Zukunft der Petrologie

BAND 16 / HEFT 5
MAI 1970
SEITE 217–268

AKADEMIE-VERLAG BERLIN

	INHALT	СОДЕРЖАНИЕ	CONTENTS	
F. STAMMBERGER	Die Stellung der ökonomischen Geologie im gesellschaftlichen Reproduktionsprozeß. Aus Anlaß des Erscheinens der „Politischen Ökonomie des Sozialismus und ihre Anwendung in der DDR	Положение экономической геологии в общественном процессе воспроизводства. В связи с выходом книги „Политическая экономия социализма и ее применение в ГДР"	The Position of Economic Geology in the Social Process of Reproduction. On the Occasion of the Publication of the "Political Economy of Socialism and its Application in the G.D.R"	217
F. CHOUKÉR	Anwendungsmöglichkeiten und Grenzen der gegenwärtig in der Grundwassererkundung eingesetzten geophysikalischen Verfahren	Возможности и границы применения используемых в настоящее время геофизических методов в разведке грунтовых вод	Possibilities of Application and Limits of Geophysical Methods Presently Used in the Exploration for Ground Water	222
J. POMMERENKE & G. GRUBER	Berechnung von Mehrbrunnenanlagen nach PAAVEL auf dem Rechner ZRA 1	Расчет многоколодезной системы по ПААВЕЛЬ на счетно-вычислительной машине ZRA 1	Use of the ZRA 1 Computer for Calculating Installations Consisting of Several Wells by Means of PAAVEL'S Equations	236
S. M. SEMENOW & A. A. KONOPLJANTSCHEW	Informations- und Prognosekarten über das Regime unterirdischer Wässer	Карты информаций и прогноза режима подземных вод	Cards Informing and Prognosticating on the Regime of Underground Waters	239
G. TISCHENDORF, S. LÄCHELT & J. RENTZSCH	Zu Problemen der Metallogenie in der Deutschen Demokratischen Republik. II. Einige Bemerkungen zur Methodik und zu den nächsten Aufgaben	О проблемах металлогении в Германской Демократической Республике. II. Некоторые замечания к методике и следующим задачам	On Problems of Metallogeny in the German Democratic Republic. Part II. Some Observations on the Technique and Next Problems	242
P. J. SUVEIZDIS	Zur Entwicklung des terrigenen Unterperms im südlichen Baltikum (Referiert von F. WENDLAND)	О развитии терригенной нижней перми в южной Прибалтике (Реф. В. Вендланда)	On the Development of the Terrigenous Lower Permian in the Southern Baltic Provinces (Abstracted by F. Wendland)	248
N. B. KADYROW, E. A. ISSABAJEW, U. H. ASSYLBAJEW, A. H. ABILDAJEW & W. W. TSCHERDYNZEW	Die Isotopenzusammensetzung des Urans und Aktiniumgehalt von Mineralen und natürlichen Wässern	Изотопный состав урана и содержание актиния в минералах и природных водах	The Isotopic Composition of Uranium and the Content of Actinium in Minerals and Natural Waters	251
E. K. USTIJEW	Gegenwart und Zukunft der Petrologie	Настоящее и будущее петрологии	Petrology, Present and Future	252
	Berufsbild des Ingenieurs der Fachrichtung Geophysik	Профессия инженера по специальности геофизика	Educational Background of the Engineer for the Branch Geophysics	255

Besprechungen und Referate, Neuerscheinungen und Literaturhinweise, Informationen, Kurznachrichten 256

Redaktionsbeirat

Prof. Dipl.-Berging. K. BÜHRIG, Nordhausen — Prof. Dr. O. GEHL, Schwerin — Prof. Dr. R. HOHL, Halle (Saale) — Prof. Dr. E. KAUTZSCH, Berlin — Prof. Dr. R. LAUTERBACH, Leipzig — Dr. R. MEINHOLD, Freiberg (Sa.) — Dr. G. NOSSKE, Leipzig — Dr. H. REH, Jena — Prof. Dr. H. J. RÖSLER, Freiberg (Sa.) — Prof. Dr. A. WATZNAUER, Freiberg (Sa.) — Prof. Dr. R. WIENHOLZ, Gommern.

Die ZEITSCHRIFT FÜR ANGEWANDTE GEOLOGIE berichtet ständig über folgende Arbeitsgebiete: Geologische Grundlagenforschung und Lagerstättenforschung / Methodik der geologischen Erkundung / Ökonomie und Planung der geologischen Erkundung / Technik der geologischen Erkundung / Geologie und Lagerstättenkunde im Ausland. In der Zeitschrift können alle strittigen Fragen der praktischen Geologie behandelt werden. Die Autoren übernehmen für ihre Aufsätze die übliche Verantwortung.

ZEITSCHRIFT FÜR ANGEWANDTE GEOLOGIE

Träger der Ehrennadel in Gold der Gesellschaft für Deutsch-Sowjetische Freundschaft

KOLLEKTIVE CHEFREDAKTION

Dr. K. KAUTER (Redaktionssekretär)
Prof. Dr. F. STAMMBERGER
Dr. habil. G. TISCHENDORF

BAND 16 · MAI 1970 · HEFT 5

Die Stellung der ökonomischen Geologie im gesellschaftlichen Reproduktionsprozeß

Aus Anlaß des Erscheinens der „Politischen Ökonomie des Sozialismus und ihre Anwendung in der DDR"[1]

FRIEDRICH STAMMBERGER, Berlin

1. Vorbemerkung

In den Jahren 1962—1965 wurde vom Verf. systematisch der Gedanke entwickelt und vertreten, daß sich die geologische Erkundung als Herzstück der ökonomischen Geologie durch einige spezifische Merkmale von anderen geologischen Tätigkeiten wesentlich unterscheidet und zum volkswirtschaftlich wichtigsten Abschnitt der geologischen Arbeit geworden ist. 1964 wurde vom Verf. formuliert:

„In allen sozialistischen Ländern hat gegenwärtig die geologische Erkundung (nicht die „Geologie" allgemein) den Charakter eines Industriezweiges angenommen."

Sie ist eine Vorstufe der extraktiven Industrie und insofern Bestandteil der materiellen Produktion.

Diese Abgrenzung der Suche und Erkundung von anderer geologischer Tätigkeit und insbesondere ihre Zuordnung zur materiellen Produktion hat bei uns seinerzeit umfangreiche Diskussionen ausgelöst. Gegenwärtig kann festgestellt werden, daß sich sowohl die damals getroffene Gliederung geologischer Tätigkeiten als auch der Industriezweigcharakter der geologischen Suche und Erkundung wie auch ihr materiell-produktiver Charakter bei der Mehrheit unserer Geologen durchgesetzt haben. Dabei ist es allerdings nicht ohne fehlerhafte Überspitzungen und Negierung wesentlicher Besonderheiten der „geologischen Industrie" abgegangen.

Offenbar ist es nützlich und notwendig, die Stellung der ökonomischen Geologie im sozialistischen gesellschaftlichen Reproduktionsprozeß konkreter, als es bisher geschah, zu bestimmen. Ein solcher Versuch kann sich gegenwärtig auf neue Erkenntnisse und solche Klarstellungen stützen, wie sie in dem fundamentalen Werk „Politische Ökonomie des Sozialismus und ihre Anwendung in der DDR" (1969) dargelegt wurden.

Bei einem solchen Versuch der Präzisierung des Standortes der geologischen Erkundung im gesellschaftlichen Reproduktionsprozeß müssen offenbar auch einige strittige Fragen beantwortet werden, die in den Aussprachen der letzten Jahre eine gewisse Rolle spielten, z. B.: Leistet der geologische Erkunder bei erfolgreicher Arbeit direkt einen Beitrag zur Erhöhung des Nationaleinkommens oder nicht? Auf diese Frage, die seinerzeit aus verschiedenen Gründen nicht ausdiskutiert werden konnte, gab es bisher drei grundsätzlich verschiedene Antworten:

1. Standpunkt: Der geologische Erkunder leistet keinen direkten Beitrag zum Nationaleinkommen, vielmehr verbraucht er Mittel des Nationaleinkommens.

2. Standpunkt: Der geologische Erkunder mehrt durch sein Arbeitsergebnis direkt das Nationaleinkommen. Unser Industriezweig unterscheidet sich in dieser Frage überhaupt nicht von den übrigen Zweigen der Volkswirtschaft.

3. Standpunkt: Der geologische Erkunder mehrt mit seinem stofflichen Ergebnis nicht das verfügbare Nationaleinkommen, sondern lediglich den Nationalreichtum. Sein Beitrag zum Nationaleinkommen kann nur indirekt, über die Nutzung der von ihm entdeckten und erkundeten Lagerstätten, sein.

Eine theoretisch richtige Antwort auf diese Frage kann nur gegeben werden, wenn die Beziehungen zwischen Nationalreichtum und Nationaleinkommen geklärt und die Rolle und Stellung der ökonomischen Geologie in diesen Beziehungen bestimmt werden.

2. Nationalreichtum

Es ist ein Verdienst der „Politischen Ökonomie des Sozialismus ...", erstmals die Bedeutung und die Rolle des Nationalreichtums in der sozialistischen gesellschaftlichen Reproduktion umfassend dargestellt zu haben. Was verstehen wir überhaupt unter Nationalreichtum?

„Unter dem Begriff des materiellen und geistigen Nationalreichtums sind alle verfügbaren materiellen und geistigen Produktivkräfte und die Gesamtheit der Ergebnisse der materiellen und geistigen Produktion,

[1] „Politische Ökonomie des Sozialismus und ihre Anwendung in der DDR". — Dietz Verlag, Berlin 1969. Die folgenden Fußnoten beziehen sich auf dieses Werk.

Eingang des Manuskripts in der Redaktion: 4. 2. 1970.

soweit sie sich objektiv als nutzbare Bestände oder in Gestalt nutzbarer Fähigkeiten für die Produktion und Konsumtion darstellen, zu verstehen."[2])

Hier wird folglich zwischen materiellem und geistigem Nationalreichtum unterschieden und innerhalb des materiellen Nationalreichtums zwischen *produziertem* verfügbarem *Nationalreichtum* und der Verfügung über erschlossene Naturreichtümer. Für die Ein- und Zuordnung der ökonomischen Geologie gewinnen somit zwei in der Vergangenheit intensiv diskutierte Fragen grundsätzliche Bedeutung:

a) Hat das Arbeitsprodukt des Erkunders ideellen (geistigen) oder materiellen Charakter (ist es eine Information oder der erkundete Vorrat)?

b) Wurde der Vorrat „produziert", oder ist er ein Geschenk der Natur (gehört er zum *produzierten* Nationalreichtum, oder ist er als Naturprodukt zu betrachten)?

Es ist dienlich, die gegenwärtig zu diesen Fragen eingenommenen Positionen unserer Wissenschaftler mit den folgenden Ausführungen zu vergleichen.

In der „Politischen Ökonomie des Sozialismus ..."[3]) werden folgende Fonds des produzierten verfügbaren Nationalreichtums unterschieden:

1. die Produktionsfonds als unmittelbare sachliche Bedingungen der materiellen Produktion, die sich mit ihr reproduzieren;
2. die materiellen Fonds der geistigen Produktion, die als sachliche Bedingungen der geistigen Produktion fungieren;
3. die übrigen materiellen Fonds der geistigen Produktion und zur Verrichtung gesellschaftlich nützlicher Leistungen erforderlichen Fonds;
4. die materiellen Fonds an Konsumgütern, die sich im Besitz und in Nutzung der Werktätigen für individuelle und kollektive Bedürfnisse befinden;
5. die Fonds der materiell-technischen Territorialstruktur, die als allgemeine Bedingung sowohl der Produktion als auch allen anderen Sphären des individuellen und gesellschaftlichen Lebens dienen.

Die *Gesamtheit des materiellen Nationalreichtums* umfaßt schließlich noch

6. „Die Summe der erschlossenen sowie erschließbaren natürlichen Ressourcen, Naturbedingungen und Naturreichtümer, wie Bodenschätze, Wälder, Wasserkräfte, den bearbeiteten und zur Nutzung fähigen Grund und Boden usw."

Lagerstätten gehören danach einerseits zum *materiellen* Nationalreichtum und andererseits zu den *Naturreichtümern*. Mit dieser Feststellung ist jedoch noch keine der oben gestellten Fragen beantwortet, denn weder die Materialität einer Lagerstätte noch ihre Genese bzw. Herkunft wurden von irgend jemandem angezweifelt, sondern lediglich die These, daß

a) zur Möglichkeit einer Verfügung über diese Naturreichtümer eine spezifische Produktion (die Suche und Erkundung) erforderlich und daß

b) das Ergebnis dieser Produktion die erkundete Lagerstätte (der Lagerstättenvorrat) sei.

Darauf wird jedoch anschließend von den Verfassern der „Politischen Ökonomie ...", bei der Erläuterung des Fonds der natürlichen Ressourcen, eine grundsätzliche Antwort gegeben.

Da diese Erläuterung für uns von besonderer Bedeutung ist, sei sie hier vollständig zitiert:

„Dieser Fonds an natürlichen Ressourcen unterscheidet sich von den vorgenannten dadurch, daß er nicht durch die gesellschaftliche Produktion geschaffen wurde, sondern seine Existenz in Art, Umfang und Qualität vielmehr von Naturbedingungen abhängt, die nicht durch die materielle Produktion reproduziert werden können. Es findet allerdings eine — vom Standpunkt des Grades der Nutzbarkeit — relative Produktion dieser Fonds statt, und zwar in Gestalt des Erkundungs- und Erschließungsaufwandes, der Bodenmelioration, insgesamt der Bewirtschaftung des Bodens, der Wälder und Gewässer und nicht zuletzt durch den Fortschritt der Wissenschaft und ihrer technologischen Anwendung, der immer neue Möglichkeiten zur Nutzbarmachung gegebener Naturbedingungen eröffnet. Diese Aufwendungen gesellschaftlicher Arbeit bewirken, daß der Grad der Nutzbarkeit und erst recht die tatsächliche Nutzung der natürlichen Ressourcen beständig gesteigert und erweitert werden. Insofern ähneln diese Fonds mehr oder minder weitgehend teils den Produktionsfonds und teils den Fonds der materiell-technischen Territorialstruktur, mit denen sie übrigens auch die Art und Weise ihrer Nutzung sowie die Richtung ihrer Einwirkung auf den Reproduktionsprozeß gemeinsam haben."[4])

Die „Politische Ökonomie des Sozialismus ..." spricht also hinsichtlich der Erkundung von Lagerstätten von einer „relativen Produktion". Es kann überhaupt keinen Zweifel darüber geben, daß das identisch (ein Synonym) mit der „spezifischen Produktion" unserer geführten Aussprachen ist. Weiter werden die für die Erkundung erforderlichen Aufwendungen gesellschaftlicher Arbeit auf die natürlichen Ressourcen bezogen und sogar formuliert, daß damit diese Fonds „teils den Produktionsfonds und teils den Fonds der materiell-technischen Territorialstruktur" ähneln.

Die Autoren der „Politischen Ökonomie des Sozialismus ..." nehmen somit in den beiden oben formulierten Fragen einen grundsätzlich völlig eindeutigen Standpunkt ein: ja, die verfügbare Lagerstätte wird in spezifischer Weise „produziert", jawohl, das Arbeitsprodukt des Erkunders ist die verfügbare Lagerstätte, es hat materiellen Charakter.

3. Nationalreichtum und gesellschaftliche Reproduktion

Das Verständnis der Beziehungen zwischen Nationalreichtum und sozialistischer gesellschaftlicher Reproduktion ist für das gestellte Thema von großer Bedeutung. Wohl noch nie wurde gerade diese Problematik so umfassend dargestellt wie in der „Politischen Ökonomie des Sozialismus ...".

Der Nationalreichtum mit seinen verschiedenen Fonds ist einerseits die Basis für die produktive und nichtproduktive Konsumtion. Darüber hinaus beeinflußt er maßgebend die materielle und geistige Produktion, da er nicht nur wesentliche Voraussetzung und Bedingung

[2]) (S. 523). [3]) (S. 524)

[4]) (S. 524–525)

für die Durchführung der gesellschaftlichen Reproduktion ist, sondern auch ihrem Erweiterungsgrad und der Intensität dieser Erweiterung unter Umständen Schranken setzt.

Denn es ist ein spezifischer Wesenszug der sozialistischen Produktion und Reproduktion, „daß in zunehmendem Maße nicht nur das jährliche materielle Produkt der gesellschaftlichen Arbeit, sondern die überhaupt verfügbaren materiellen Güter die Gesamtheit der materiellen Lebensgrundlagen der Gesellschaft bestimmen, unabhängig davon, in welchem Zeitraum sie durch vergegenständlichte gesellschaftliche Arbeit erschlossen oder geschaffen wurden".[5])

„Diese Fonds an materiellen Gütern sind weder durch die materielle Produktion der gegebenen Periode allein erzeugt worden, noch werden sie in der jeweiligen Reproduktionsperiode voll verzehrt, obwohl sie und ihre Nutzung in allen Bereichen und Phasen der Reproduktion als Effektivitäts- wie auch Dispositionsfaktoren eingreifen. Diese Gesamtheit an Beständen gesellschaftlich verfügbarer materieller Fonds — erfaßt unter dem Begriff des materiellen Nationalreichtums — wird in ihren verbrauchten Elementen durch das jährliche materielle Gesamtprodukt der gesellschaftlichen Arbeit reproduziert (ersetzt) und wächst außerdem durch Akkumulation von Teilen des gesellschaftlichen Gesamtprodukts unaufhörlich weiter an."[6])

Es ist folglich unzulässig, weil unrichtig, im Nationalreichtum nur ein passives Element des gesellschaftlichen Reproduktionsprozesses zu sehen und seine Bedeutung für den Lebensprozeß der Gesellschaft zu unterschätzen. Der Nationalreichtum „steht in aktiver Wechselbeziehung zur materiellen und geistigen Produktion". „Dabei ist diese Wechselbeziehung unterschiedlich, je nachdem, ob es sich um den materiellen oder um den geistigen Nationalreichtum handelt, und ferner, ob es sich um Nationalreichtum als Resultat der gesellschaftlichen Produkion oder um die Verfügung über erschlossene Naturreichtümer handelt."[7])

Aus diesen Unterschieden ergeben sich letztlich jene spezifischen Züge unseres Industriezweiges (geologische Suche und Erkundung), die von einigen Wissenschaftlern zuweilen überbetont, von anderen in Bausch und Bogen als nicht existent bezeichnet wurden. Zusammenfassend kann die Bedeutung des Nationalreichtums für den gesellschaftlichen Reproduktionsprozeß und seine spezifische Rolle wie folgt charakterisiert werden:.

1. „Der materielle und der geistige Nationalreichtum erweisen sich so als wesentliche Voraussetzung und Bedingung für die Durchführung der sozialistischen gesellschaftlichen Reproduktion, für den Grad und die Intensität ihrer Erweiterung und damit für die Effektivität des Gesamtprozesses."[8])

2. Die Effektivität des Produktionsprozesses hängt „wesentlich vom Niveau und vom Umfang der materiellen und geistigen Leistungsfähigkeit des zum Einsatz gelangenden Nationalreichtums ab".[9])

3. „Die beständige intensiv erweiterte Reproduktion des materiellen und ideellen Nationalreichtums ist die grundlegende Bedingung und Voraussetzung für die Befriedigung der unaufhörlich wachsenden materiellen und geistigen Bedürfnisse der Mitglieder der sozialistischen Gesellschaft. Dabei ersetzt die materielle Produktion mit ihrem Resultat den Verbrauch an Nationalreichtum und erweitert ihn ständig in Umfang und Qualität."[10])

4. „Der materielle Nationalreichtum an Bodenschätzen, Wäldern usw. wird im Prozeß der erweiterten Reproduktion ständig genutzt, aber auch erhalten und erweitert. Einerseits werden diese Naturreichtümer, wie zum Beispiel Kohle, Erdöl, Erdgas, abgebaut, Boden wird landwirtschaftlich oder für die Errichtung von Baulichkeiten genutzt, andererseits werden immer neue Naturreichtümer ausfindig gemacht beziehungsweise erschlossen, neue Lagerstätten erkundet, die Bodenfruchtbarkeit wird erhöht usw. Deshalb haben auch diese Fonds enge Wechselbeziehungen zum Reproduktionsprozeß."[11])

4. Nationalreichtum, gesellschaftliches Gesamtprodukt und Nationaleinkommen

Nur das Resultat der materiellen und geistigen Arbeit der Gesellschaft kann den Nationalreichtum der sozialistischen Gesellschaft erneuern, erweitern und entwickeln.

Das gesellschaftliche Gesamtprodukt (Bruttoprodukt) ist abhängig vom Umfang und der Struktur der im produktiven Bereich verausgabten gesellschaftlichen Gesamtarbeit und deren Arbeitsproduktivität. Es umfaßt die Gesamtheit der in der materiellen Produktion während eines bestimmten Zeitraumes (z. B. eines Jahres) geschaffenen materiellen Produkte, der Gebrauchswerte. Es erscheint in seiner Naturalform und zugleich in der Wertform, als Bruttoproduktionswert.

Der Bruttoproduktionswert besteht aus dem übertragenen Wert der verbrauchten Produktionsmittel und dem Neuwert. Dieser Neuwert und dessen materielle Gestalt, das Nettoprodukt, sind identisch mit dem *Nationaleinkommen.* Das Nationaleinkommen setzt sich seinerseits aus dem notwendigen Produkt (Lohneinkommen der produktiv Tätigen) und dem Wert des geschaffenen Mehrprodukts (Reineinkommen) zusammen.

Gesellschaftliches Gesamtprodukt und materieller Nationalreichtum unterscheiden sich grundlegend. Der Nationalreichtum ist „eine Bestandsgröße, die an und für sich für jeden Zeitpunkt bestimmbar ist". Das Gesamtprodukt ist dagegen eine Bewegungsgröße, die die Resultate des Produktionsflusses eines Jahres zusammenfaßt.

„Aus dieser Eigenart der beiden Kategorien, Nationalreichtum und gesellschaftliches Gesamtprodukt, folgt, daß es notwendig ist, ihre Reproduktionsfunktion in einem jeweils völlig unterschiedlichen Sinn zu behandeln."[12])

Obwohl der Nationalreichtum im Reproduktionsprozeß als Ganzes wirkt, ist er „mit dem Fluß der Reproduktion seinerseits nur über seine Bewegungsgrößen verbunden, über den ‚Verbrauch an Nationalreichtum' (im gegebenen Zeitraum) sowie über den ‚Zufluß an Nationalreichtum aus der materiellen Produktion' (im

[5]) (S. 495), [6]) (S. 496), [7]) (S. 524),
[8]) (S. 527), [9]) (S. 528)

[10]) (S. 530), [11]) (S. 530), [12]) (S. 536)

gegebenen Zeitraum). Über diese Bewegungsgrößen reguliert sich die Bestandsgröße ‚Fonds des Nationalreichtums' im Reproduktionsprozeß."

Das gesellschaftliche Gesamtprodukt ist somit die Quelle des materiellen Nationalreichtums. Ob jedoch die Fonds des Nationalreichtums einfach, erweitert oder gar vermindert reproduziert werden, hängt weder von der Größe des Gesamtprodukts noch des Nationalreichtums ab, sondern allein vom Verhältnis des Zuflusses zum Verbrauch an Nationalreichtum.

Der Zufluß zum Nationalreichtum erfolgt einerseits über den Ersatzfonds (für die verbrauchten Produktionsmittel) und andererseits über den Akkumulationsfonds aus dem Reineinkommen.

„Der Maßstab der sozialistischen Akkumulation besteht in ihrem wirksamsten Beitrag zur ständigen Vervollkommnung und Vergrößerung des materiellen Nationalreichtums, in seiner effektivsten Struktur auf der Grundlage der modernsten Erkenntnisse von Wissenschaft und Technik.

Das ist der Ausgangspunkt, von dem unter den Bedingungen der Verbindung von Sozialismus und wissenschaftlich-technischer Revolution an die Fragen der Akkumulation herangegangen werden muß."[13])

5. Der Standort der geologischen Suche und Erkundung

Wenn nach diesen allgemeinen Erörterungen der Standort der geologischen Suche und Erkundung im gesellschaftlichen Reproduktionsprozeß bestimmt werden soll, so muß von folgenden Fakten ausgegangen werden:

a) Die Erkundung hat die unmittelbare Aufgabe, den materiellen Nationalreichtum an Bodenschätzen zu mehren. Sie schafft in stofflicher Hinsicht den Zufluß, der sowohl den eingetretenen Verbrauch (durch die extraktive Industrie) ersetzen als auch die Rohstoffbasis für die erweiterte Reproduktion erweitern muß.

b) Die Erkundung setzt bei dieser Aufgabe Nationalreichtum (materielle Produktionsmittel und wissenschaftliche Erkenntnisse) und Teile des gesellschaftlichen Arbeitsvermögens ein, die sich im Erkundungsprozeß analog anderen Industriezweigen reproduzieren. Schafft sie in dieser Hinsicht direkt auch Nationaleinkommen?

„Das Nationaleinkommen ist jener Teil des gesellschaftlichen Gesamtprodukts, der nach Abzug des Ersatzfonds zur Deckung der in der Produktion verbrauchten Produktionsmittel der gesellschaftlichen Nutzung und Verwendung zur Verfügung steht."[14])

Folglich erarbeitet die Erkundung bei positivem Ausgang ihrer Arbeit zweifellos dann Nationaleinkommen, wenn der bei der Suche und Erkundung übertragene Wert (ausgedrückt im Ersatzfonds) geringer ist als der Wert der erkundeten Lagerstätten; und sie hat ein echtes Reineinkommen erwirtschaftet, wenn der verbliebene Teil des Bruttowertes der Lagerstätte den Wert des notwendigen Produkts übersteigt.

Zur Bestimmung des Nutzeffekts der geologischen Erkundung ist folglich eine ökonomische Bewertung der erkundeten Vorräte unumgänglich. Ohne diese Bewertung ist die Bestimmung des Beitrages der ökonomischen Geologie zum Nationaleinkommen unmöglich. Ebensowenig ist das echt erwirtschaftete Reineinkommen zu ermitteln. Andererseits ist diese Bewertung der Lagerstätten (über ihre Vorräte) auch für die extraktive Industrie zwingend, weil ohnedem auch hier der geschaffene Neuwert und Mehrwert nicht exakt zu bestimmen sind.

Der in der Vergangenheit formulierte Standpunkt 1 (der Erkunder leiste keinen direkten Beitrag zum Nationaleinkommen) ist auf Grund der dargelegten Zusammenhänge folglich unrichtig. Trifft er wenigstens für den zweiten Teil seiner Aussage zu (Verbrauch an Nationaleinkommen)?

Die Neuerkundung einer Lagerstätte dient — wie wir gesehen haben — einerseits als Ersatz für die abgebauten Vorräte, andererseits schafft sie Voraussetzungen zur Erweiterung des Abbaus, d. h. ist Teil der erweiterten Reproduktion. Die Mittel für diese Arbeiten fließen entsprechend aus dem Ersatzfonds, d. h. aus den Abschreibungen für genutzte Lagerstätten, und andererseits aus dem Akkumulationsfonds des Reineinkommens, also aus dem Nationaleinkommen. Auch der zweite Teil des 1. Standpunktes trifft folglich nur mit Einschränkungen zu.

Der zitierte 2. Standpunkt, der — wie sich gezeigt hat — einen durchaus richtigen Sachverhalt ausdrückt, ist seinerseits deshalb unbefriedigend, weil er völlig die Tatsache unberücksichtigt läßt, daß die Erkundung stofflich unmittelbar den materiellen Nationalreichtum an natürlichen Ressourcen mehrt und daß sich aus dieser Tatsache spezifische Wechselbeziehungen zwischen Reproduktion und Nationalreichtum ergeben. Der von den geologischen Erkundern geschaffene Fonds an geologischen Ressourcen „ähnelt" lediglich „mehr oder minder" den Produktionsfonds der anderen Industriezweige, ist mit ihnen jedoch keineswegs in jeder Beziehung identisch.

Schließlich läßt der formulierte 3. Standpunkt — und das ist sein Hauptmangel — völlig die Tatsache unberücksichtigt, daß der geologische Industriezweig auch seine unmittelbare Industriezweigfunktion erfüllen und wertmäßig Nationaleinkommen schaffen muß.

Unser Standpunkt stützt sich auf die These, daß das Finalprodukt bzw. Stufenprodukt der Erkundung der erkundete Vorrat in situ ist und als solcher Gebrauchswert und Wert besitzt. Wenn eine entsprechende Verausgabung gesellschaftlicher Arbeit während der Erkundung nicht bestritten wird, so gibt es doch gewisse Hemmungen, den erkundeten Vorrat als Gebrauchswert anzuerkennen.

Auch in der sowjetischen Fachliteratur (SCHKATOW 1968 u. a.) werden erkundete Lagerstättenvorräte manchmal einschränkend als „potentielle Gebrauchswerte" bezeichnet. Eine solche Bezeichnung („potentiell") geht offenbar von einer Definition des Gebrauchswertes aus, die sich nicht mit der marxistischen deckt und den Gebrauchswert an die unmittelbare Nutzung (den Gebrauch) bindet. MARX schreibt jedoch völlig unmißverständlich:

„Die Nützlichkeit eines Dings macht es zum Gebrauchswert. Aber diese Nützlichkeit schwebt nicht in der Luft. Durch die Eigenschaften des Warenkörpers bedingt, existiert sie nicht ohne denselben....

[13]) (S. 558), [14]) (S. 542)

Der Gebrauchswert verwirklicht sich nur im Gebrauch oder der Konsumtion. Gebrauchswerte bilden den *stofflichen Inhalt des Reichtums, welches* immer seine *gesellschaftliche Form* sei."[15])
MARX unterscheidet somit die Nützlichkeit, die etwas zum Gebrauchswert macht, von der Realisierung dieser Nützlichkeit. Die Tatsache, daß die Realisierung eines Gebrauchswertes in zeitlichem Abstand von seiner Produktion erfolgen kann, ist jedoch in der Volkswirtschaft keineswegs selten und zweitens ohne Bedeutung dafür, ob ein Gebrauchswert vorliegt oder nicht. Bedeutung hat nur seine Nützlichkeit, weil nur diese ein Ding zu einem Gebrauchswert macht.

Ein „potentieller" Gebrauchswert wäre — begrifflich gesehen — ein Ding, das gegenwärtig seine Nützlichkeit noch nicht offenbart hätte, die lediglich für die Zukunft nicht ausgeschlossen oder sogar erwartet werden könnte. Der tatsächlich mit der Bezeichnung „potentieller Gebrauchswert" verbundene Gedanke bei den erwähnten Wissenschaftlern will etwas anderes zum Ausdruck bringen, nämlich daß die Gebrauchswerte erst bei der unmittelbaren Nutzung tatsächlich zu Gebrauchswerten werden. Dem kann offensichtlich nicht zugestimmt werden.

Der absolute Reichtum eines Landes an Bodenschätzen könnte gegliedert werden in bekannte und noch nicht bekannte Lagerstätten. Noch weiter gegliedert ergäbe sich folgende Gruppierung:

Bekannte Lagerstätten:

a) in Abbau stehende Lagerstätten,

b) erkundete Lagerstätten mit Bilanzvorräten, die gegenwärtig noch nicht genutzt werden,

c) erkundete Lagerstätten mit Außerbilanzvorräten, von denen erwartet wird, daß sie in absehbarer Zeit Bilanzcharakter erhalten.

Noch unbekannte Lagerstätten:

a) prognostische, d. h. auf Grund wissenschaftlicher Erkenntnisse vorausgesagte Lagerstätten,

b) unbekannte und auf Grund des erreichten Wissensstandes gegenwärtig auch nicht voraussagbare Lagerstätten.

Zum Nationalreichtum gehören lediglich die gegenwärtig bekannten und tatsächlich verfügbaren Lagerstätten. Auch die Lagerstätten mit Außerbilanzvorräten müssen hier einbezogen werden, wenn sie auch auf Grund ihrer besonderen Spezifik einen geringeren Wert als Bilanzvorräte verkörpern. Prognostizierte Lagerstätten können kein Bestandteil des Nationalreichtums sein, weil ihre Vorräte noch nicht erkundet, also noch nicht verfügbar sind.

6. Notwendige grundsätzliche Schlußfolgerungen

Wenn die volkswirtschaftliche Aufgabe der geologischen Erkundung — bei einem Minimum an Zeit und Aufwand der Wirtschaft ein Maximum der im Lande vorhandenen Lagerstätten für die Nutzung zur Verfügung zu stellen — richtig verstanden wird, kann sie sich nicht auf die quantitative Seite eines absoluten Vorratszuwachses beschränken. Gleichzeitig ist zu berücksichtigen, daß

a) die neuen Lagerstätten zu strukturpolitisch *günstigen Zeitpunkten* zur Verfügung gestellt werden,

b) nicht irgendwelche Lagerstätten gesucht und erkundet werden, sondern möglichst solche, die sich nach ihrer Lage und ihrer Qualität *vorteilhaft* nutzen lassen,

c) nicht Lagerstätten irgendwelcher Rohstoffe erkundet werden, sondern solcher, die für die Entwicklung der Volkswirtschaft und ihrer optimalen Struktur benötigt werden.

Eine weitere Aufgabe — die im volkswirtschaftlichen Rahmen zu lösen ist — besteht ferner darin, der Volkswirtschaft einen möglichst vollständigen Überblick über die im Lande überhaupt vorhandenen und derzeit nutzbaren Lagerstätten zu geben, ohne unvertretbar hohe ökonomische Mittel zu binden. Daraus ergeben sich einige zu realisierende praktische Schlußfolgerungen:

1. Die Mehrung des natürlichen materiellen Fonds des Nationalreichtums muß aus der Sicht der volkswirtschaftlichen Entwicklung weit vorausschauend geplant und realisiert werden. Diese Forderung ist nur zu realisieren, wenn ein mit der konzipierten volkswirtschaftlichen Entwicklung abgestimmtes Erkundungsprogramm für eine relativ große Zeitspanne ausgearbeitet und bestätigt vorliegt. Dieses Programm müßte einerseits den stofflichen Ersatz bzw. die Substitution der abgebauten Lagerstätten und andererseits die strukturpolitisch optimale Erweiterung des Fonds an nutzbaren Lagerstätten vorsehen.

Verf. sieht in der Ausarbeitung eines solchen Programms eine verantwortliche wissenschaftliche Führungsaufgabe der zentralen Staatsorgane. In keinem Fall kann ein solches Programm eine simple Sammlung aus der Industrie eingehender Erkundungsaufträge sein.

2. Zur richtigen Entscheidungsfindung auf strukturpolitischem Gebiet bedarf die Volkswirtschaft eines möglichst vollständigen Überblicks über die auf dem Territorium der DDR vorhandenen Lagerstätten. Je vollständiger dieser Überblick ist, um so bessere und langfristig optimale Entscheidungen sind möglich. Zur Realisierung dieser Aufgabe ist es notwendig, mit minimalem Aufwand einen orientierenden Überblick über die Lagerstättenausstattung der DDR zu schaffen, d. h. den Kenntnisstand und damit die Verfügungsmöglichkeit unter Umständen auf Kosten der Detailliertheit der über diese Lagerstätten vorliegenden Kenntnisse zu maximieren.

Praktisch müßte ein Programm systematischer Sucharbeiten ausgearbeitet werden, das folgende Reihenfolge der Arbeiten berücksichtigt:

a) Defizitrohstoffe des gegenwärtigen Bedarfs [1. zunächst in der Nähe der derzeitigen Verbraucherzentren, 2. dann in den geologisch günstigsten (höffigsten) Bereichen und 3. Substitutionsrohstoffe];

b) Rohstoffe, deren Bedeutung für die Volkswirtschaft der DDR ab 1980/90 wesentlich wächst bzw. die im Prognosezeitraum erstmalig industriell genutzt werden;

c) Rohstoffe traditioneller Art, deren Bedeutung auch im Prognosezeitraum bis zum Jahre 2000 erhalten bleibt (auch dann, wenn gegenwärtig der laufende Bedarf der extraktiven Industrie abgedeckt ist).

[15]) „Das Kapital", Band I, Dietz Verlag 1957, S. 40

Es ist offensichtlich, daß ein solches Programm ebenfalls nur von den zentralen staatlichen Organen ausgearbeitet und bestätigt werden kann.

3. Eine weitere unaufschiebbare Aufgabe ist die ökonomische Bewertung aller bekannten (verfügbaren) Lagerstätten. Ohne diese Bewertung kann das ökonomische System des Sozialismus in der extraktiven Industrie — und in der Geologie — nicht jene Vollkommenheit erreichen, die wir in den Jahren 1971—75 anstreben. Praktisch ist dazu vor allem eine Bewertungsmethode (Vorratspreise!) auszuarbeiten, die sowohl die gesellschaftlich notwendige Arbeit des Erkunders als auch die unterschiedliche Produktivität (Qualität) der Lagerstätten berücksichtigt. Die in Verbindung damit zu lösenden Fragen sind z. T. nicht unkompliziert, z. T. sind sie allerdings auch unnötig verkompliziert worden. Sie werden besser in einem speziellen Aufsatz zusammenhängend und theoretisch begründet dargelegt.

Literatur

Autorenkollektiv: Politische Ökonomie des Sozialismus und ihre Anwendung in der DDR. — Dietz Verlag, Berlin 1969.

SCHKATOW, W.: Die Preise für Naturreichtümer und die Vervollkommnung der planmäßigen Preisbildung. — Woprossi ekonomiki, H. 9 (1968) (russ.).

STAMMBERGER, F.: Das neue ökonomische System der Planung und Leitung der Volkswirtschaft und die geologische Arbeit in der DDR (Thesen). — Z. angew. Geol., H. 4, 217—220, Berlin 1965.

Anwendungsmöglichkeiten und Grenzen der gegenwärtig in der Grundwassererkundung eingesetzten geophysikalischen Verfahren

FARIS CHOUKÉR, z. Z. Freiberg

(Veröffentlichung Nr. 116 der Sektion Geowissenschaften der Bergakademie Freiberg)

1. Spezifik der geophysikalischen Grundwassererkundung im Vergleich zur Erdölerkundung

Aus der Grundgleichung der geophysikalischen Erkundung

$$\Delta F = \frac{\Delta \vartheta \cdot m}{h^n}$$

ΔF — gemessene Feldanomalie,
$\Delta \vartheta$ — Differenz der wirksamen Parameter,
m — Mächtigkeit der Schichten,
h — Tiefe der Schichten,
n — variabler Koeffizient, je nach Verfahren,

lassen sich bereits einige Besonderheiten der geophysikalischen Grundwassererkundung ableiten. Die für die Grundwassererkundung wesentlichen Tiefen übersteigen im allgemeinen nicht 100 m. In diesem Tiefenbereich ändert sich $\Delta \vartheta$ bedingt durch raschen Fazieswechsel in vertikaler und horizontaler Richtung sehr häufig. Gegenüber der Erdölerkundung bietet sich scheinbar der Vorteil an, daß infolge der geringeren Tiefenlage der zu erkundenden Schichten günstigere Bedingungen für den Direktnachweis von Grundwasser vorliegen. Dazu jedoch wäre es notwendig,

a) den Einfluß von S_w auf $\Delta \vartheta$ zu untersuchen [115] und

b) neue Methoden des Direktnachweises zu entwickeln.

Eine weitere Besonderheit der geophysikalischen Grundwassererkundung liegt in der Ökonomie des Einsatzes geophysikalischer Verfahren. Die Erkundungskosten bei der Behandlung einzelner Fragen, z. B. der Wasserversorgung eines Dorfes, können leicht die Bohrkosten einer Flachbohrung erreichen oder übertreffen. Dabei sind im allgemeinen keine so sicheren Angaben zu erwarten, wie das bei einer großräumigen, grundlegenden Untersuchung der Fall wäre. Diese Tatsache war bisher die Lebensgrundlage der Wünschelrutengängerei, auf die viele Auftraggeber (Farmer, Bauern und Dorfgemeinden) in den kapitalistischen Ländern und besonders in den jungen Nationalstaaten verzweifelt zurückgegriffen haben. Erst bei einer umfassenden hydrogeologischen Untersuchung eines größeren Gebietes wird der Einsatz der Geophysik wirtschaftlich und schließlich unentbehrlich. Hier können die geophysikalischen Feldmessungen (Oberflächen- und Bohrlochverfahren), gestützt auf die hydrologischen und geologischen Angaben, gesicherte und präzise Aussagen liefern. Diese Art des Herangehens an die Grundwassererkundung ist ökonomisch und wissenschaftlich und wird bereits in vielen Ländern praktiziert.

Eine Besonderheit der Grundwassererkundung liegt auch in den anzutreffenden Lagerstättenparametern. Es werden hier höhere Anforderungen an die Leiter- und Speicherparameter der Gesteine sowie die minimale Förderleistung einer Bohrung als bei der Erschließung, z. B. von Erdöllagerstätten, gestellt. Die Permeabilität liegt um drei bis vier Potenzen, die Förderleistung um zwei Potenzen und die Porosität um das Zweifache höher als bei den Erdöllagerstätten (s. Tab. 1).

Der Einsatz und die Interpretation der geophysikalischen Messungen sind sowohl bei der Erdöl- als auch bei der Grundwassererkundung an die geologischen Angaben und petrophysikalischen Kennwerte der Gesteine anzupassen. Bei der Grundwassererkundung müssen zusätzlich die Neubildungsbedingungen, d. h. die klimatischen, hydrologischen und geomorphologischen Bedingungen, in Betracht gezogen werden. Einen Vergleich der Erkundungsmerkmale des Erdöls und des Wassers gibt Tab. 1.

Eingang des Manuskripts in der Redaktion: 27. 1. 1970.

Tabelle 1

Merkmal	Grundwassererkundung	Erdölerkundung
Erkundungstiefe	bis einige 100 m	ab 1000 m
produktive Schichten	meist lockere Gesteine (Kiese und Sande), verkarsteter Kalkstein, zerklüfteter Basalt	Sandstein, Kalkstein (zerklüftet)
anzutreffende Permeabilitätswerte	von 10 bis 10^5 Darcy	10^{-3} bis 1 Darcy
anzutreffende Porositätswerte	von 20 bis 40%	bis 20%
Anteil an den geophysikalischen Erkundungsausgaben in % (1968)	unter 0,5%	bis 95%
Minimale wirtschaftliche Fördermenge einer Bohrung	ca. 5000 l/h	ca. 40 l/h
Erkundungsprozeß	a) hydrogeologisch b) geophysikalisch von der Oberfläche aus und im Bohrloch	a) erdölgeologisch b) geophysikalisch von der Oberfläche aus und im Bohrloch
Besonders zu berücksichtigende Parameter	Neubildungsverhältnisse (Klima, Fließregime)	Entstehungs-, Migrations- und Akkumulationsbedingungen
Art des Nachweises von der Oberfläche aus	direkt (in seltenen Fällen)	—
	indirekt: nach höffigen Leitern selbst	
	indirekt: nach Stellen für höffige Leiter	indirekt: günstige Stellen (Fallen) für höffige Speicher

2. Der geophysikalische Grundwassererkundungsprozeß

Eine effektive Grundwassererkundung wirft im Vergleich zur Erdölerkundung zusätzliche Probleme auf. Hier wie dort ist ein maximaler Nutzen nur durch die Integration der geologischen und geophysikalischen Erkundungsarbeit zu erreichen. In der Grundwassererkundung muß an erster Stelle die Frage der Neubildung des Grundwassers in dem untersuchten Gebiet geklärt werden (Niederschlags- und Sickerungsverhältnisse, eventuell auch Fremdzufuhr). Ist diese Frage positiv beantwortet, kann die Suche nach Grundwasserlagerstätten beginnen.

Mittels geophysikalischer Methoden kann die Exploration auf Grundwasser

a) direkt nach Grundwasserlagerstätten,

b) indirekt nach Grundwasserleitern,

c) indirekt nach strukturgünstigen Bereichen für die Bildung von Wasserleitern

durchgeführt werden. Man kann den Erkundungsgang in zwei Phasen unterteilen:

1. Sammlung und Auswertung vorhandener Informationen:

geologische Angaben,
hydrogeologische Angaben,
klimatische Angaben,
allgemeine wirtschaftliche Angaben (geforderte Menge, Qualität und Verteilung, Zeitplan);

2. geophysikalische Explorationsarbeiten:

Aufstellung des Meßprogramms,
Ausführung der Feldmessungen,
Interpretation der Meßergebnisse.

Auf Grund der ausgewerteten Informationen über das Meßgebiet wird das Meßprogramm aufgestellt. Es werden die Erkundungsverfahren, Meßmethodik, Profil- und Meßpunktabstand bzw. Maschenbreite des Meßnetzes festgelegt, die unter Berücksichtigung der Ökonomie den größeren Gewinn an Informationen versprechen. Durch eine simultane erste Auswertung und Interpretation der anfallenden Meßwerte wird das Meßprogramm verbessert und gelenkt. Ausgehend von dem vorhandenen und geforderten Erkundungsgrad sowie den Verhältnissen des Untersuchungsgebietes werden jeweils Übersichtsmessungen (Luft- und Bodenmethode)

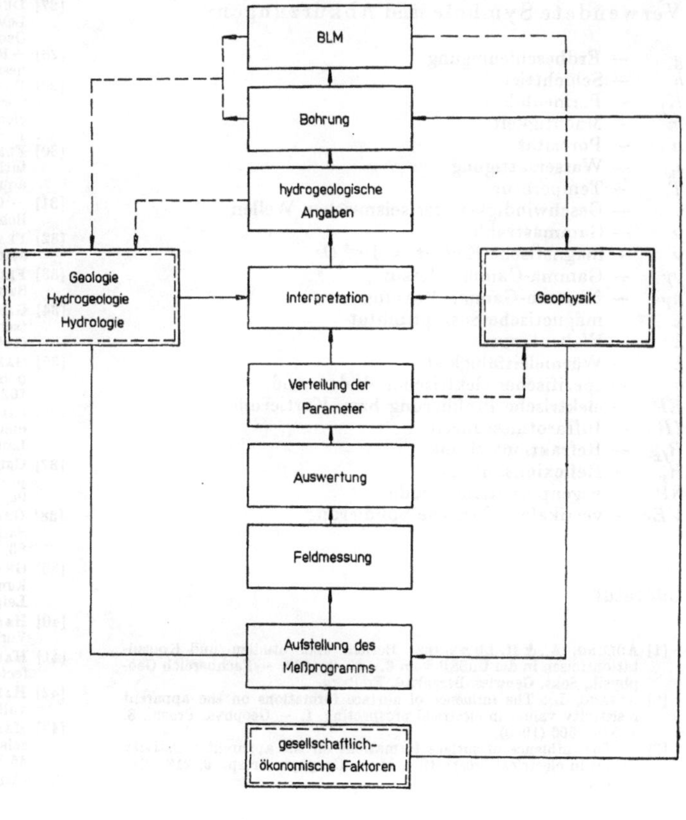

Abb. 1. Der geophysikalische Grundwassererkundungsprozeß

oder detaillierte Messungen (Boden- und Bohrlochmethoden) durchgeführt. In Abb. 1 ist der Erkundungsprozeß im Blockdiagramm dargestellt. Die gestrichelten Kästen entsprechen jeweils einer Informationsbank, auf deren gespeicherte Informationen vor und während der Messungen zurückgegriffen werden kann.

3. Untersuchung der geophysikalischen Verfahren auf ihre Einsatzmöglichkeiten und Leistung in der Grundwassererkundung

Eine übersichtliche und kritische Abschätzung der Anwendbarkeit und Leistung der einzelnen geophysikalischen Meßverfahren ist in Tabellenform in den Tab. 2 bis 11 enthalten.

In der ersten Spalte derselben wird das Prinzip des betrachteten Verfahrens kurz umrissen, in der zweiten und dritten Spalte wird der derzeitige Einsatz in der Grundwassererkundung mit Beispielen belegt und in der vierten Spalte wird eine kritische Einschätzung der Verfahren im Hinblick auf ihre ausgenutzten und noch auszunutzenden Möglichkeiten gegeben. Der Sinn dieser Tabellen ist besonders in den Angaben der Spalte 4 zu sehen, wo außer der kritischen Auswertung der Leistungen und der Grenzen jeder Methode noch Hinweise auf Verbesserung und auf die Anwendung neuer Wege und Verfahren sowie auf Forschungsrichtungen zu finden sind.

Es ist erkennbar, daß besonders die Methoden mit Beispielen und einer ausführlichen Bewertung belegt sind, die am meisten in der Wassererkundung eingesetzt werden (z. B. VES).

Verwendete Symbole und Abkürzungen

g — Erdbeschleunigung
h — Schichttiefe
K_f — Permeabilität
m — Mächtigkeit
n — Porosität
s_w — Wassersättigung
T — Temperatur
v — Geschwindigkeit der seismischen Wellen
γ — Gammastrahlung
γ — magnetische Einheit $= 10^{-5}$ *Oe*
$\gamma\gamma$ — Gamma-Gamma-Messung
$n\gamma$ — Neutron-Gamma-Messung
$\varkappa$ — magnetische Suszeptibilität
λ — Wellenlänge
λ — Wärmeleitfähigkeit
ϱ — spezifischer elektrischer Widerstand
EP — elektrische Profilierung bzw. Kartierung
IR — Infrarotmessungen
R_{fx} — Refraktionsseismik
R_x — Reflexionsseismik
SP — Eigenpotentialmethode
VES — vertikale elektrische Sondierung

Literatur

[1] ADLUNG, A., & H. LEISCHNER: Bericht über Studien- und Konsultationsreisen in die UdSSR vom 6.–13. 9. 1967. – Fachbereich Geophysik, Sekt. Geowiss. Bergakad. Freiberg.
[2] ALFANO, L.: The influence of surface formations on the apparent resistivity values in electrical prospecting, I. – Geophys. Prosp., 8, 4, 576–606 (1960).
[3] – The influence of surface formations on the apparent resistivity values in electrical prospecting, II. – Geophys. Prosp., 9, 213–241 (1961).
[4] – Geoelectrical prospecting with underground electrodes. – Geophys. Prosp., **10**, 3, 290–303 (1962).
[5] ALLEN, A.: Seismic refraction investigations of the preglacial valley of the river Teifi near Cardigan. – Geol. mag., Hertford, **97**, 4, 276 bis 282 (1960).
[6] AWTENJEW, G. K.: Primenenije geofisitscheskich metodow raswedki pri gidrogeologitscheskich isyskanijach. – Prakt. prim. geof. metodow rasw., 153–156, Tomsk 1966 (Ref. J. geol., Moskwa 1967) (5 D 95).
[7] BADGLEY, P. C., u. a.: The application of remote sensing instruments in earth resource surveys. – Geophysics, **32**, 583–601 (1967).
[8] BARNES, B. A., & P. LIVINGSTON: Value of the electrical log for estimating ground-water supplies and the quality of ground water. – Trans. Am. Geophys. Union, **28**, 903–911 (1947).
[9] BELORAJ, J., L. BYLINA & SAPOROSEW: Opredelenije wlashnosti gornich porod inpulsnym metodom JaMR. – Neftgas. Geol. i Geof., **9**, 25–27, Moskwa 1967.
[10] BENTZ: Lehrbuch der angewandten Geologie. – **1**, Stuttgart 1961.
[11] BOSSCHART, R. A.: Analytical interpretation of fixed source electromagnetic prospecting data. – Diss. Uitgeverij Woltman-DELFT. 1964.
[12] BREUSSE, J. J., & A. DUPRAT: Contribution de la géophysique à l'étude des invasions mariné. – Terres et Eaux, Alger. – **17**, 41, 14 S.
[13] BREUSSE, J. J.: Cinq années de prospection électrique en Afrique de Nord pour des recherches hydrologiques. – Contribution de la Géophysique à la Géologie, **9**, 191–209 (1956).
[14] – Etudes hydrogéologiques de la region à l'Est de Rome. – Publ. de CGG, 50 Rue Fabert, Paris.
[15] BREUSSE, A.: Étude des diapirs en Alsace et Baden-Wuertemberg par la méthode du rectangle de résistivité. – Geophys. Prosp., **9**, 444–458 (1961).
[16] BREUSSE, J. J.: Modern geophysical methods for subsurface water exploration. – Geophysics, **28**, 4, 633–657 (1963).
[17] BROSSE, P.: Die seismische Bestimmung der Grundwassertiefe. – Z. Geophys., **23**, 236–240 (1967).
[18] BURKE, K. B. S., & J. E. WYDER: Geophysical exploration for buried valleys in an area north of Tow Hills Alberta. Diskussionsbeitrag zum Artikel von LENNOX u. CARLSON. – Geophysics, **32**, 5, 922–923 (1967).
[19] BURWELL, E. B.: Determination of groundwater levels by the seismic method. – Transact. Am. Geophys. Union, **21**, 439–440 (1940).
[20] COLLEY, G. C.: The detection of caves by gravity Measurement. – Geophys. Prosp., **11**, 1–9 (1963).
[21] COOK, J. C.: Seismic mapping of underground cavities using reflection amplitudes. – Geophysics, **30**, 527–538 (1965).
[22] DAVIS, S. N., & R. J. M. DE WIEST: Hydrogeology. – J. Wiley u. Sons Inv., New York, London, Sydney 1966.
[23] DENOZIERE, P., & J. L. ASTIER: Étude hydrogéologique par prospection de l'Andlau (environs d'Andlau-Bas Rhin). – Bull. du Service de la carte géologique d'Alsace et Lorraine, **14**, 2, 27–38 (1961).
[24] DEPPERMANN, K.: Zur Eliminierung der Störspannungen bei geoelektrischen Widerstandsmessungen. – Geol. Jahrb., 85, 901–918, Hannover 1968.
[25] – Untersuchungen zur Grundwassererschließung in West-Syrien. 2. Geoelektrik. – Bundesanst. Bodenforsch., 30 S., Hannover 1963 (unveröff. Bericht).
[26] DEPPERMANN, K., & J. HOMILIUS: Interpretation geoelektrischer Sondierungskurven bei tiefliegender Grundwasseroberfläche. – Geol. Jahrb., **83**, 563–574, Hannover 1965.
[27] DUGUID, J. O.: A cross section of the alluvium and bedrock at the Levanie River in Loramie, Wyoming. – Wyoming Univ. Contr. Geology, **6**, 2, 119–121 (1967).
[28] – Refractive determination of water table depth and alluvium thickness. – Geophysics, **33**, 3, 481–468 (1968).
[29] ENSLIN, J. F.: Basins of decomposition in igneous rocks, their Importance as underground water reservoirs and their location by the electrical resistivity method. – Trans. Geol. Soc. South Africa, **46**, 1–12 (1943).
[30] FLATHE, H.: Five-layer master curves for hydrogeological interpretations of geoelectrical resistivity measurements above a low story aquifer. – Geophys. Prosp., **5**, 4, 471–508 (1963).
[31] – Geoelektrische Untersuchungen der Grundwasserversalzung im südlichen Jordantal. – Geol. Jahrb., 85, 767–782, Hannover 1968.
[32] FRANTOW, I.: Opredelenija mostschnosti sloja nanosow po resultatam aeroelektromagnitnich nabljudenij. – Fisika semli, 3, 90–94 (1968).
[33] FRITSCH, V., & A. F. TAUBER: Geoelektrische Untersuchungen von Salzwasservorkommen. – Z. Geophys., **35**, 161–173 (1969).
[34] GAFUROW, M.: Primenenije metody WES pri poiskach malomoschtschnich wodmosnich gorisontow. – Usbek. Geol. J., **6**, 61–65 (1967).
[35] GAMAN, B. A.: Tipisazija uslovij primenenija elektroraswedki pri poiskach wod w SSSR. – Akad. Nauk Ukr. SSR, Geof. Sbornik, 22, 102–108 (1967).
[36] GILLIAND, P. A.: Trois cas d'études des nappes souterraines par la méthode géoélectrique. – Bull. Techn. Suisse Romande, 3, 37–43, Lausanne 1967.
[37] GJLUSMAN, A. M.: Vlijanije reljefa powerchnosti semli pri elektroprofilirowanii tscheres vertikalnyj kontakt. – Fisika semli, 7, 91 bis 98, Moskwa 1967.
[38] GRAF, A.: Über die Möglichkeit der Aufsuchung von Grund- und Salzwasserhorizonten. – Gerlands Beitr. angew. Geophys., **64**, 23 bis 83, Leipzig 1954.
[39] GRÄSSL, St., & F. JACOBS: Einige Probleme der geoelektrischen Erkundung in Braunkohlengebieten. – Geophys. u. Geol., 10, 84–93, Leipzig 1967.
[40] HAALCK, H.: Lehrbuch der angewandten Geophysik Teil I und II. – Verl. Gebr. Bornträger, Berlin-Nikolassee 1953.
[41] HABBERJAM, G. M., & G. E. WATKINS: The reduction of lateral effects in resistivity probing. – Geophys. Prosp., **15**, 2, 221–235 (1967).
[42] HALL, D. H., & J. E. HAJNAL: The gravimeter in studies for buried valleys. – Geophysics, **27**, 939–951 (1962).
[43] HALL, D. M.: Ground water studies in southern Saskatschewan from seismic surveys for oil. – Saskatschewan Res. Coun. Rep. P-62-1, 46 S. (1962).

(Fortsetzung der Literatur: S. 235)

Tab. 2. Geoelektrik (Widerstandsmethode)

Prinzip und Methodik	Einsatz in der Wassererkundung	Beispiele	Leistungsfähigkeit und Grenzen	Literatur
Meßparameter: ϱ [Ωm] Es wird die ϱ-Verteilung in den Erdschichten gemessen: a) horizontal (elektrische Profilierung EP), b) vertikal (elektrische Vertikalsondierung VES). EP: Der scheinbare spezifische Widerstand ϱ_s wird entsprechend der gewählten Elektrodenkonfiguration für eine bestimmte Eindringtiefe längs eines Profils oder für ein Punktnetz gemessen und in Profil- oder Kartenform aufgetragen. Meßmethodisch wird entweder die ganze Anordnung längs eines Profils verschoben, oder für jede AB-Stellung werden mehrere MN-Messungen durchgeführt (Rechteck-Methode). Durch Anwendung von mehr als 4 Elektroden können verschiedene Aufgaben besser behandelt werden (Lee-, Carpenter-, Racom-Konfiguration). Interpretation: ϱ-Verteilung wird in Aussagen über Ausdehnung von Schichten und Inhomogenität übersetzt.	1. Lokalisierung von Zerrüttungszonen, Verwerfungen, Rißzonen und Gängen 2. Bestimmung der Deckschichtmächtigkeit (übersichtsmäßig) 3. Verfolgung der horizontalen Ausdehnung durch Messungen mit verschiedenen Eindringtiefen 4. Thermalwassererkundung durch Lokalisierung von Rißzonen 5. Abgrenzung von Süß- und Salzwasser, profilmäßig und flächenhaft	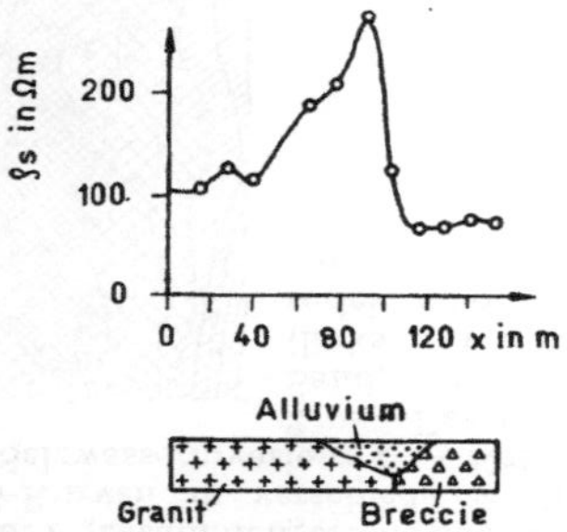Abb. 2 (umgezeichnet nach [63]). Ansprechen der EP auf eine Zerrüttungszone 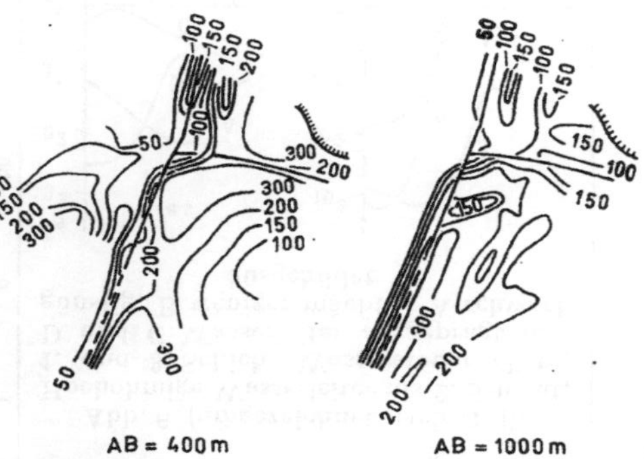Abb. 3 (umgezeichnet nach [16]). Kartenmäßige Darstellung von ϱ_s für zwei verschiedene Eindringtiefen spiegelt klar das Spaltensystem wider. 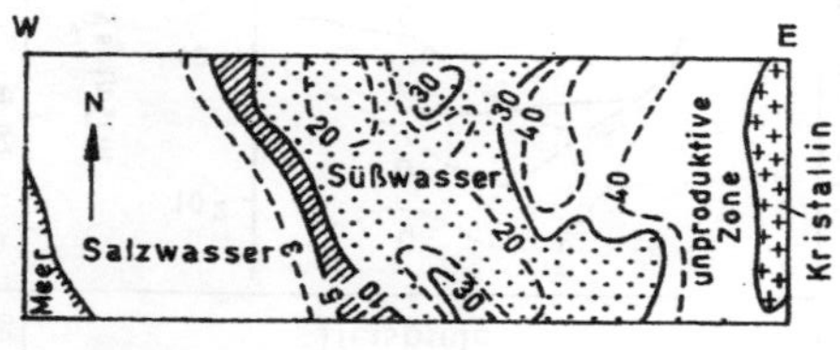Abb. 4 (umgezeichnet nach [13]). ϱ_s-Verlauf in Kartenform gibt die Süß-Salzwasserverteilung wieder.	1. Kartierung mit festem Elektrodenabstand ist in bestimmten Fällen von Nutzen (Kontaktstellen, Verwerfungen). 2. Die Eindringtiefe ist eine Fkt. von AB-Abstand und ϱ-Verteilung mit der Tiefe, so daß die Wahl der Untersuchungstiefe sehr entscheidend für die Lösung der gestellten Aufgaben ist. 3. Effektive EP kann nur durch Messung mit verschiedener Eindringtiefe erreicht werden. Dies wird erst durch die VES-Messungen möglich, wo ϱ_s-Karten für verschiedene Pseudoteufen Aussagen über Verlauf von Inhomogenitäten liefern können. EP ist billig und leicht auszuführen, ist aber für die Wassererkundung uneffektiv und weniger geeignet. Außerdem sind alle EP-Informationen in den VES-Kurven enthalten.	[6] [13] [16] [29] [33] [37] [44] [56] [85] [107]

Tab. 3. Geoelektrik (Widerstandsmethode)

Prinzip der Methodik	Einsatz bei der Wassererkundung	Beispiele	Leistungsfähigkeit und Grenzen	Literatur
VES: ϱ_s wird für einen festen Bezugspunkt (Mittelpunkt der Anordnung) gegen eine Pseudotiefe (AB/2; AB/3) auf doppelt logarithmischem Papier aufgetragen. 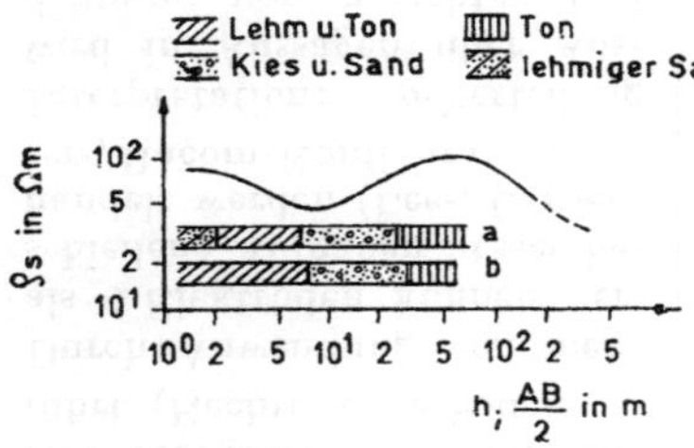 Abb. 5 (umgezeichnet nach [10]). *a* — nach Interpretation, *b* — nach Bohrergebnis Wasserleiter erscheinen als ϱ_s-Maxima im Lockergestein. Die Kurvenform hängt von der relativen Verteilung von ϱ_i und m_i (Mächtigkeit) der Erdschichten ab. Dadurch können unterschiedliche ϱ- und m-Verteilungen zu ähnlichen Kurven führen (Äquivalenz). Verschiedene Elektrodenkonfigurationen können verwendet werden. Durchgesetzt haben sich: Schlumberger-Anordnung, Wenner-Anordnung, Dipol-Anordnung. Durch mathematisch nicht geringen Aufwand und Vergleich der Kurven untereinander bzw. mit vorberechneten Musterkurven können die ϱ_i, m_i sowie wichtige qualitative Informationen über Verlauf und Tiefe des Wasserleiters oder -stauers erhalten werden.	Die VES ist das am häufigsten eingesetzte geophysikalische Verfahren in der Wassererkundung und trägt zur Lösung folgender Aufgaben bei: 1. Differenzierung zwischen Leiter und Stauer in Lockersedimenten, 2. Ermittlung von Kies- und Sandvorkommen, 3. Bestimmung der Deckschichtmächtigkeit, 4. qualitative Angaben über permeable Bereiche innerhalb des Wasserleiters, 5. Verfolgung von verborgenen Wasserläufen und Bestimmung ihrer höffigen Zonen, 6. Ermittlung von tektonischen Störungen (Risse und Verwerfungen), 7. Aufsuchen von Verwitterungszonen im Kristallin, die als lokal begrenzte Wasserleiter gelten, 8. Lokalisierung und Verfolgung von Hohlräumen in Karstgesteinen, 9. Festlegung der Grenze von Salzwasserinvasionen, 10. Aussagen über hydrogeologische Kennwerte (S_w, Wasserspiegelniveau, Wasserqualität) durch Eichung von ϱ in bestimmten Fällen.	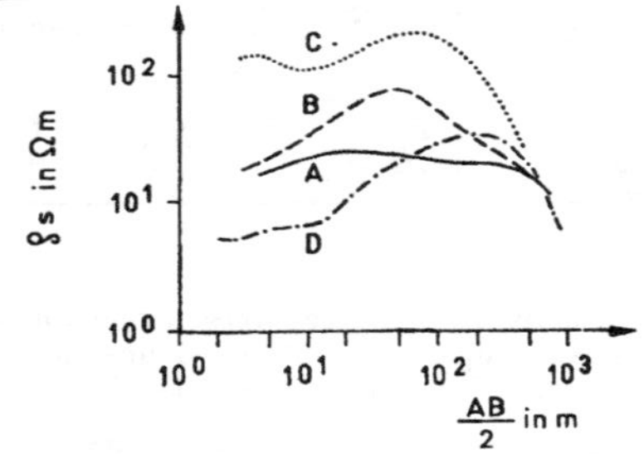 Abb. 6 (umgezeichnet nach [15]). Hochohmige Wasserleiter als 2. Schicht, 1. und 3. Schicht Wasserstauer (Ton), D und C Wasserleiter ausgeprägt und günstig, B weniger mächtig, A schwach ausgebildet 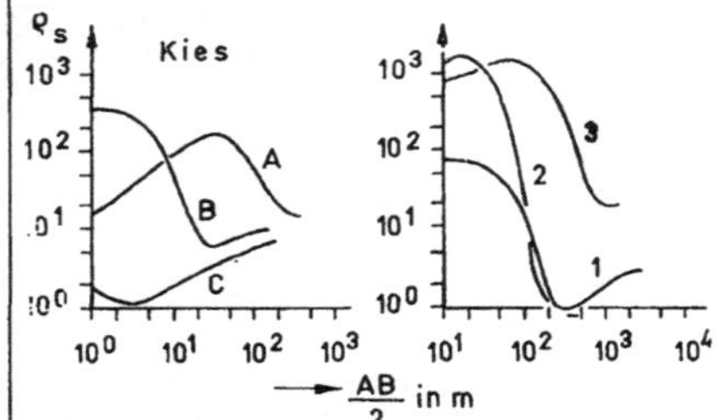 Abb. 7 (zusammengestellt nach [13]). VES-Kurven in verschiedener Gestalt mit Salzwasserinvasion; 1 — Kalkstein, 2 — Basalt, 3 — Sand, bei Kies (links): A Süßwasserleiter vorhanden, bei B und C nicht 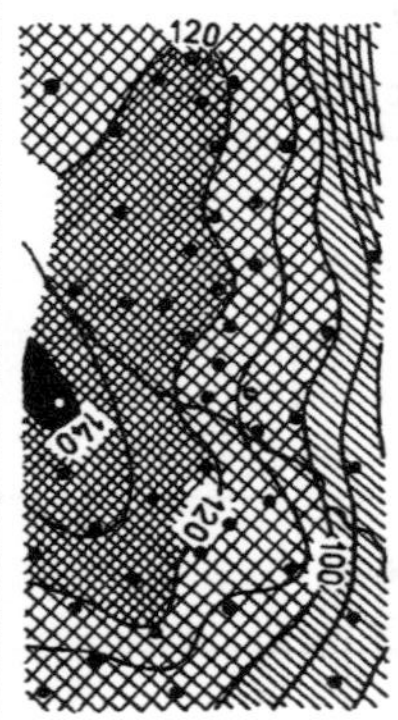 Abb. 8 (nach [10]). Tiefenlinienplan des Grundwasserleiters aus VES im Rheintal	VES ist das leistungsfähigste geophysikalische Verfahren in der Grundwassererkundung. Das Auflösungsvermögen ist in den obersten 100 m besonders gut. Bei Voruntersuchungen wasserwirtschaftlicher Projekte ist das Verfahren unentbehrlich. Fehlerquellen: 1. Ermittlung von $\varrho_{2/3}$, 2. Kurventypfestlegung (äquivalentes Prinzip), 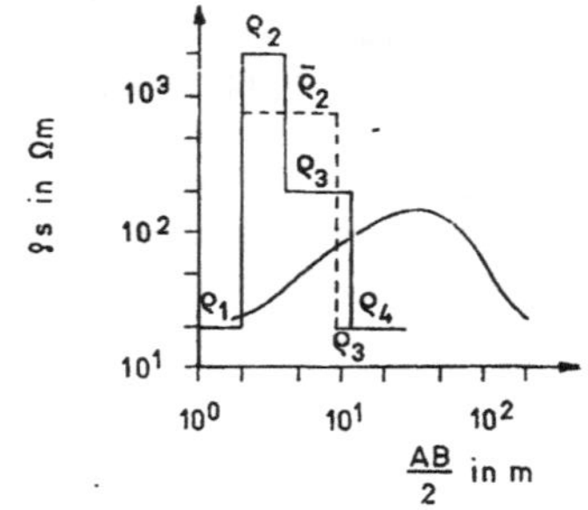 Abb. 9 (umgezeichnet nach [45]). 3. Subjektiver Einfluß des Interpretators, 4. Oberfl. Inhomog., later. Änd., 5. Ungünstiger ϱ-Verlauf mit der Tiefe: Kies auf Kristallin, Sand auf Sandstein, doppelt absteigender Kurventyp (häufiger Fall in der Grundwassererkundung). 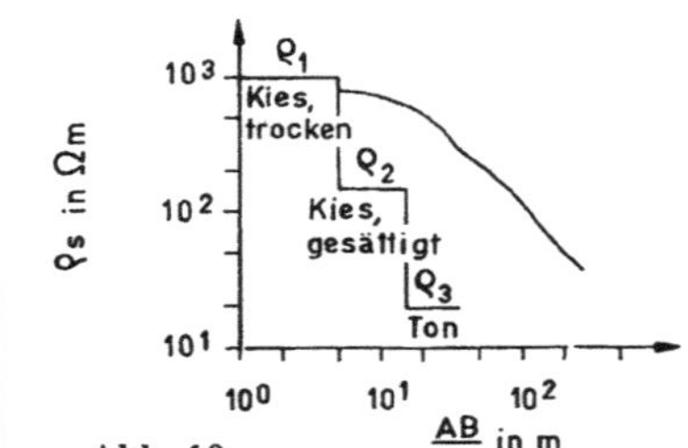 Abb. 10	[2] [3] [4] [10] [12] [13] [14] [15] [16] [23] [24] [25] [26] [30] [31] [34] [35] [36] [39] [41] [45] [49] [51] [52] [53] [57] [58] [65] [66] [69] [71] [73] [74] [75] [78] [81] [84] [86] [90] [91] [94] [96] [99] [103] [104] [105] [106] [111] [113] [114]

Tab. 4. Elektromagnetische Verfahren

Prinzip und Methodik	Einsatz für die Wassererkundung	Leistungsfähigkeit und Grenzen	Literatur
Meßparameter: die verschiedenen Elemente des elektromagnetischen Feldes Man nutzt natürliche Felder aus oder prägt dem Boden ein künstliches elektromagnetisches Feld auf. Die Veränderungen eines oder mehrerer Feldelemente, im Vergleich zum gesendeten Signal, geben Auskunft über die Gesteins- und Lagerungsparameter. Nach dem verwendeten Frequenzbereich unterscheidet man zwischen: a) Subaudio-Audio-Bereich: Induktives Verfahren, AFMAG, b) Radio-Bereich: Radiokip, c) Radar-Bereich: Radar-Aufnahme. Es werden natürliche (AFMAG) oder künstliche (Radiokip, Radar, Turam, Slingram) Wechselfelder ausgenutzt.	Der effektive Einsatz der elektromagnetischen Methoden in der Grundwassererkundung ist problematisch und z. T. umstritten. Die niederfrequenten Verfahren (100—500 Hz) haben größere Eindringtiefen und können in günstigen Fällen in ariden Gebieten zur Überbrückung der hochohmigen Deckschicht eingesetzt werden. Radiokip- und Interferenzmethoden: Es wurden Intensitätsmaxima über Süßwasserlinsen beobachtet. Diese Methoden werden bei ruhiger Topographie und tiefem Grundwasserspiegel eingesetzt. Radaraufnahme: Durch Intensität der reflektierten Mikrowellen können Aussagen über Oberflächenbeschaffenheit, Lithologie, Tektonik und hydrogeologische Parameter gemacht werden. Informationsvielfalt durch: Änderung der Wellenlänge und Änderung der Polarisation	In der Literatur werden häufig „erfolgreiche" Messungen nach diesem Verfahren angeführt, die aber, kritisch betrachtet, oft die Leistungsfähigkeit verwendeter Methoden überfordern. Die Anwendung wird begünstigt: 1. in ariden Gebieten mit hochohmiger Deckschicht, 2. durch die schnelle Ausführung der Messungen aus der Luft und von der Erdoberfläche. Sie sind beschränkt durch: die geringe Eindringtiefe (Skineffekt). Viel Erfolg versprechen hier die Radaraufnahmen aus der Luft, die sich allerdings noch im Anfangsstadium befinden.	[1] [10] [11] [16] [27] [32] [38] [48] [54] [68] [76] [81] [88] [95] [100] [101] [102] [108] [109]

Tab. 5. Seismik (R_{fx}, R_x)

Prinzip und Methodik	Einsatz in der Wassererkundung	Beispiel	Leistungsfähigkeit und Grenzen	Literatur
Meßparameter: Laufzeit bzw. Geschwindigkeit an Grenzflächen der reflektierten (R_x) u. refraktierten (R_{fx}) elastischen Wellen Refraktionsseismik (R_{fx}): Es wird die Laufzeit des ersten Einsatzes der *P*-Welle (auch der *S*-Welle möglich [72]) gemessen und profil-(Laufzeitkurve) oder kartenmäßig (Isochronenkarte) aufgetragen. 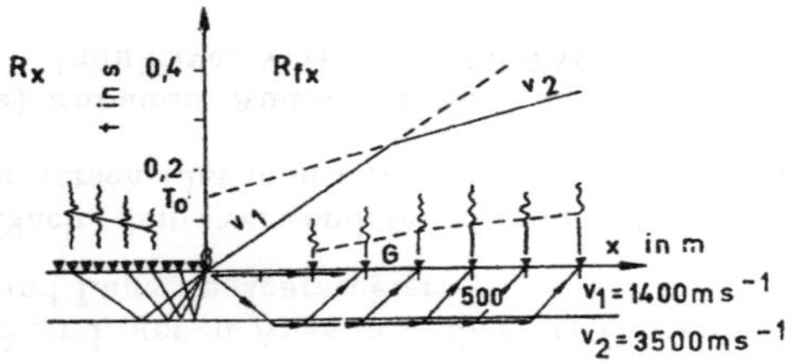 Abb. 11. Prinzip der R_{fx} (rechts) und R_x (links) für einen häufig in der Grundwassererkundung vorkommenden 2-Schicht-Fall Reflexionsseismik (R_x): Die Einsätze der reflektierten Wellen an den einzelnen Geophonenpunkten werden korreliert und deren Laufzeit mit der Tiefe in Beziehung gebracht.	Die Seismik gewinnt zunehmend Einfluß in der Grundwassererkundung: 1. Übersichtskartierung der Deckschicht (z. B. Fächerschießen), 2. Verfolgung von verborgenen Flußläufen, 3. Lokalisierung von Verwerfungen und steilen Kontaktflächen, 4. Direktnachweis des Grundwasserspiegels, 5. Ermittlung einer größeren Zahl von Schichtgrenzen (R_x).	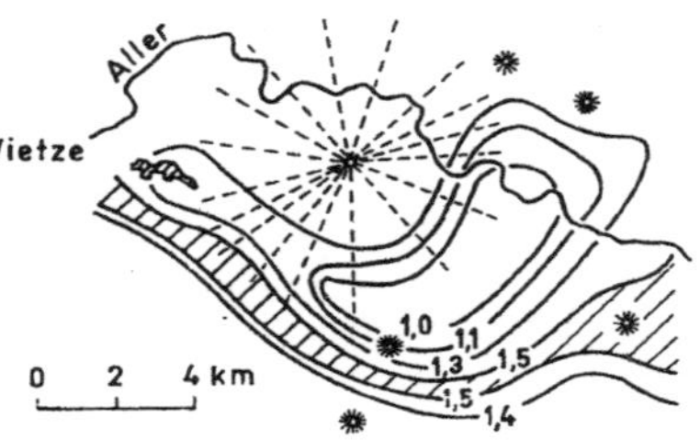 Abb. 12 (umgezeichnet nach [10]). Prinzip und Auswertung des Fächerschießens. Ein max. Streifen von 1,5 s Laufzeit (gestrichelt gezeichnet) könnte als Platz für langsame, junge Ablagerungen angenommen werden. 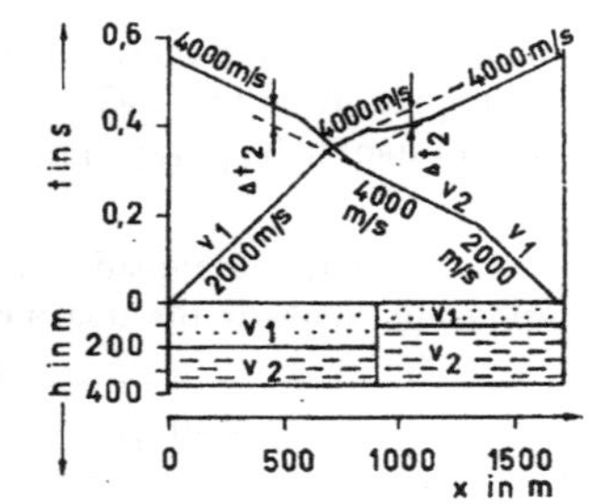 Abb. 13 (umgezeichnet nach [10]). Eine Verwerfung zeigt sich in einer parallelen Verschiebung des zweiten Kurvenastes um Δt_2.	Der relativ hohe Kostenaufwand des seismischen Verfahrens (besonders R_x) sprach bisher gegen einen breiten Einsatz in der Grundwassererkundung. Obwohl die Kosten der Nahseismik heruntergegangen sind, bleibt die Anwendung durch folgende Faktoren beschränkt: R_{fx} kann nur bei zunehmendem *v*-Verlauf mit der Tiefe angewandt werden, d. h. nicht in Basaltgebieten mit Wechselfolgen oder Kalkstein auf Ton oder Mergel. Außerdem muß ein genügender *v*-Sprung (mehr als 30%) vorliegen. R_x: Geschwindigkeitsansatz bleibt eine schwierige und fehlerhafte Größe, die zusätzliche Messung braucht. Verstärkter Einsatz ist international zu verzeichnen. Nach der Widerstandsmethode ist es das 2. Verfahren für Grundwassererkundung, auch manchmal unentbehrlich in den Fällen (Sand auf Sandstein u. ä.), wo die ϱ-Messung versagt. Außerdem bieten die Methoden der sprengstofflosen Energieanregung durch die mögliche Auswertung zusätzlicher Signalparameter gute Erfolgschancen für den Einsatz der Seismik in der Grundwassererkundung.	[5] [10] [11] [17] [18] [19] [21] [27] [28] [43] [50] [60] [61] [62] [68] [72] [79] [83] [86] [96] [97] [98] [110]

Tab. 6. Geophysikalische Bohrlochmessung

Prinzip und Methodik	Einsatz in der Wassererkundung	Leistungsfähigkeit und Grenzen	Literatur
Meßparameter: verschiedene physikalische Gesteinseigenschaften (z. B. ϱ, SP, $\varkappa$, v, γ, $\gamma\gamma$, $n\,\gamma$, T, λ) Die physikalischen Kennwerte der Gesteine lassen sich im Bohrloch leichter und genauer ermitteln als von der Erdoberfläche aus. Dank der Nähe zum Meßobjekt sind die hierbei gewonnenen Informationen differenzierter, zuverlässiger und aussagekräftiger. Es werden unterschiedliche geophysikalische Verfahren gleichzeitig oder hintereinander im Bohrloch eingesetzt, deren Meßprinzip den in der Oberfläche angewandten ähnlich, aber den Bohrlochverhältnissen angepaßt ist (standardisierte Meßprogramme). Die Wahl und Kombination der durchzuführenden Bohrlochmessungen hängen von der Aufgabenstellung, der Ökonomie und dem Bohrungszustand ab.	Setzt eine Bohrung voraus und wird meistens in der zweiten Erkundungsphase, d. h. zur Präzisierung der hydrogeologischen Daten, eingesetzt: 1. Differenzierung zwischen Wasserleiter und -stauer längs der Bohrung, (SP und ϱ-Messungen) 2. Bestimmung von Schichtgrenzen, -mächtigkeiten und -tiefen, 3. Korrelation der interessanten Wasserleiter und -stauer unter verschiedenen Bohrungen, 4. direkte Angaben über Grundwasserspeicher- und Leitereigenschaften (n, k_f und Wasserqualität), 5. Beitrag zur Lösung von Bohr- und fördertechnischen Problemen.	Die geophysikalischen Bohrlochmessungen gewinnen immer größere Anwendung in der Grundwassererkundung. Sie zählen neben der Widerstandsmethode zu den wichtigsten Verfahren. Dies bringt immer größeren Gewinn an Informationen für die erfolgreiche Interpretation von Oberflächenerkundungsarbeiten. Sie sind für größere hydrogeologische Untersuchungen unentbehrlich. Eine Anpassung der Meßtechnik und Interpretation an Flachbohrungsverhältnisse ist erforderlich. Das Bohrlochmeßprogramm soll mindestens enthalten: SP, ϱ, γ, ($\gamma\gamma$) oder SP, ϱ, v_P (γ) Die Leistungsfähigkeit kann weiterhin gesteigert werden durch Anwendung 1. optimaler und kombinierter Interpretationsverfahren und 2. neue In-situ-Verfahren zur Kennwertbestimmung und zum Direktnachweis von Wasser (z. B. free-fluid-log, Permeabilitätssonde).	[8] [10] [22] [68] [80] [87] [89] [93] [96] [103]

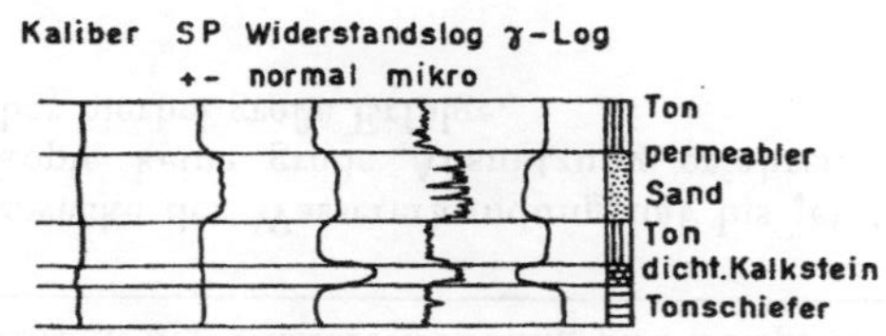

Abb. 14 (bearbeitet nach [22]). Schematische Darstellung für das Ansprechen einiger wichtiger Meßparameter auf lockere und feste Grundwasserleiter und -stauer

Tab. 7. Strahlungsmessung (Infrarot IR)

Prinzip und Methodik	Einsatz in der Wassererkundung und Beispiele	Leistungsfähigkeit und Grenzen	Literatur
Meßparameter: elektromagnetische Strahlung der Wellenlängenbereiche: $\lambda \doteq 0{,}7 - 800$ [μm], als Infrarot bekannt Alle Körper senden IR-Strahlung (molekulare Schwingungen des Kristallgitters) aus. Das Frequenz- und Intensitätsspektrum ist dem strahlenden Körper eigen und hängt von der Temperatur des Körpers und seinem Emissionskoeffizienten ab. Die Helligkeit eines Körpers auf der IR-Aufnahme gibt Auskunft über Temperatur, Chemismus, Korngröße, Oberflächenrauhigkeit und seine thermischen Eigenschaften. IR-Messungen können auf der Erdoberfläche oder von der Luft (Flugzeug oder Satteliten) aus erfolgen.	Für die Zwecke der Wassererkundung hat bis jetzt die IR-Spektroskopie keine große Ausnutzung erfahren. Sie verspricht aber hierbei große Erfolge. 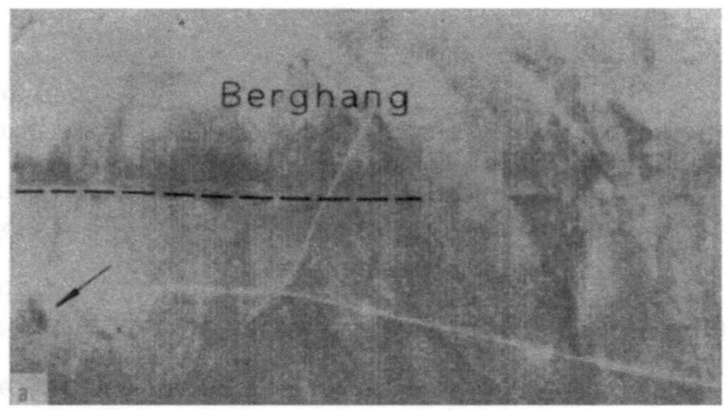 Abb. 15 (nach [7]). Aufgenommen vor Sonnenaufgang im 8—14 [μm]-Bereich Die Abb. zeigt die Verteilung der Feuchtigkeit (dunkle Stellen). Die Verwerfung dient als Barriere für die Grundwassermengen auf der Bergflanke. Links unten ist ein Wasserbehälter als Vergleich zu sehen. Auch die Wassermassen im Tal eines kleinen Wasserlaufes rechts sind als dunkle Streifen zu beobachten.	Die Anwendung der IR-Spektroskopie für die Lösung großräumiger hydrogeologischer Probleme befindet sich noch im Anfangsstadium. Folgende Probleme können gelöst werden: 1. Durch IR-Aufnahmen am Tag und in der Nacht können wertvolle Aussagen über die Feuchtigkeitsverteilung und die Lithologie des untersuchten Gebietes gemacht werden. 2. Die IR-Spektroskopie liefert spektrale Charakteristika der Oberflächentemperatur und kann zur Kartierung auf Thermalquellen eingesetzt werden. 3. Die IR-Aufnahme gibt Rückschlüsse über Tektonik und Topographie des untersuchten Gebietes. 4. Durch den unterschiedlichen Emissionskoeffizienten von Lockersedimenten kann das IR-Bild wichtige Angaben zur Differenzierung von Lockersedimenten liefern. 5. IR-Aufnahmen aus der Luft bringen zusammen mit Radar- und Radiowellen optimale Ergebnisse.	[7] [67] [88]

Tab. 8. Gravimetrie

Prinzip und Methodik	Einsatz in der Wassererkundung	Beispiele	Leistungsfähigkeit und Grenzen	Literatur
Meßparameter: relative Schwereänderung Δg in mGal Die lokalen und regionalen Dichteunterschiede der Gesteinsschichten rufen ein Potentialfeld hervor, das sich dem Normalfeld der Erde überlagert. Die in einem Punktnetz oder auf einem Profil gemessenen Werte werden nach Anbringung verschiedener Korrekturen (Platten-, Freiluft-, topographische Korrektur) profil- oder kartenmäßig dargestellt. Mittels numerischer Filterverfahren (Feldfortsetzung nach oben und unten) ist eine stockwerkweise Gliederung des Untergrundes möglich. Die Genauigkeit und Sicherheit der Angaben hängen stark von den anzubringenden Korrekturen, vor allem von einem genauen Nivellement ab. Abb. 17. Zeigt den berechneten Einfluß der Wassersättigung auf Δg für verschieden anstehende Wasserleiter in Abhängigkeit von der Mächtigkeit	Δg-Messungen werden in begrenztem Maße für die Erklärung hydrogeologischer Probleme eingesetzt: 1. Ortung und Verfolgung von Hohlräumen und Kanälen, 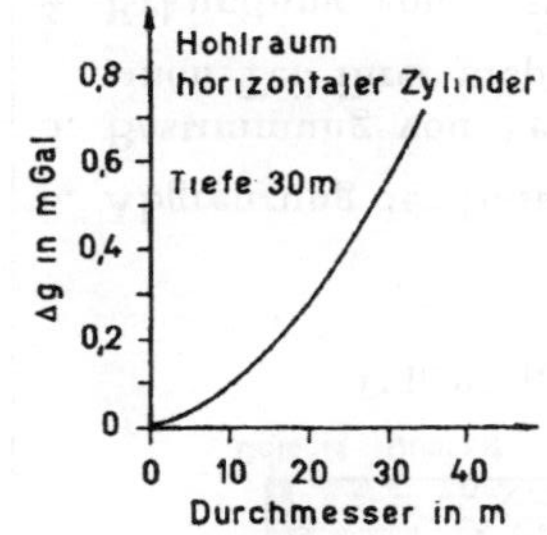 Abb. 16 (umgezeichnet nach [20]). Es wird für bestimmte Hohlraumtiefe, Form und Länge der Δg-Einfluß in Abhängigkeit vom Durchmesser bei Luftfüllung angegeben. 2. Verfolgung und Lokalisierung von ausgedehnten alten Wasserläufen. 3. In günstigen Fällen können sich mächtige poröse Schichten durch die Wassersättigung gravimetrisch abheben. 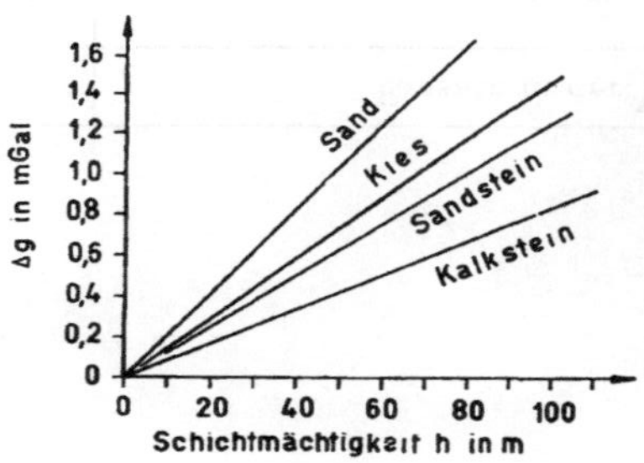 	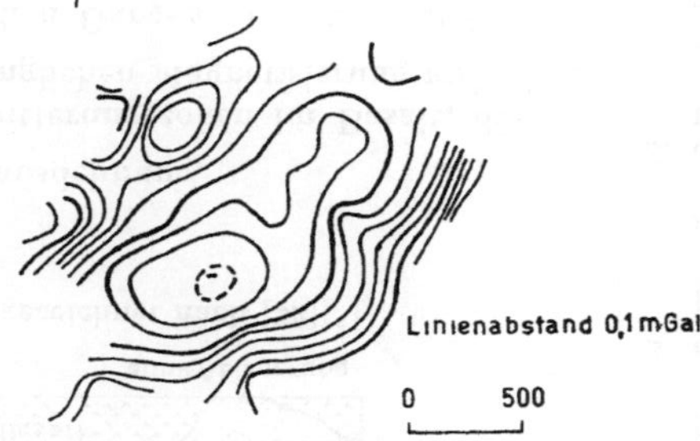 Abb. 18 (umgezeichnet nach [20]). Hohlräume als Δg-Minima 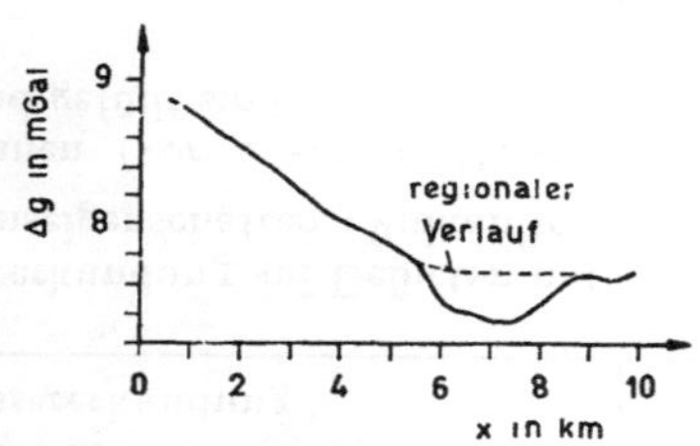 Abb. 19. (umgezeichnet nach [61]). Zeigt den Δg-Verlauf über einem verdeckten Tal	Das Verfahren spricht als Potentialmethode schlecht auf Schichtung an. Es ist deshalb weniger für die Behandlung hydrogeologischer Probleme geeignet und kann nur in besonderen günstigen Fällen für die Wassererkundung eingesetzt werden, z. B. bei der Ortung oberflächennaher Hohlräume in Karstgebieten. Bei der Verfolgung von präglazialen Flußläufen ist das Verfahren nicht immer erfolgreich. Der Direktnachweis von porösen wassergesättigten Grundwasserleitern ist noch praktisch zu untersuchen. Theoretisch müßte eine anstehende Sandschicht von 20 m Mächtigkeit mit Δg-Effekt von 0,5 mGal infolge der Wassersättigung nachzuweisen sein (Abb. 17).	[20] [27] [42] [61] [70] [77] [83] [90] [96] [115]

Tab. 9. Magnetik

Prinzip und Methodik	Einsatz in der Wassererkundung	Leistungsfähigkeit und Grenzen	Literatur
Meßparameter: relative Änderung des erdmagnetischen Feldes (Totalintensität F, Vertikalkomponente Z, Horizontalkomponente H) in γ oder Oe ($1\gamma = 10^{-5}\,Oe$) Die magnetischen Eigenschaften der Gesteine hängen von ihrem Gehalt an ferromagnetischen Stoffen ab. Das hierdurch erzeugte Magnetfeld überlagert sich dem geomagnetischen Erdfeld. Es wird im Punktnetz oder längs Profilen gemessen. Die gemessenen Werte sind insbesondere infolge der zeitlichen Variationen des Erdfeldes zu korrigieren. Magnetische Luftmessungen in verschiedenen Niveaus erlauben Aussagen über die Feldfortsetzung.	Begrenzter Einsatz in der Wassererkundung auf Gebieten mit merklichen magnetischen Gesteinseigenschaften (Vulkanite): 1. Lokalisierung von Abflußrinnen (vor allem in Basaltdecken), die mit Kies und Sand gefüllt sind, 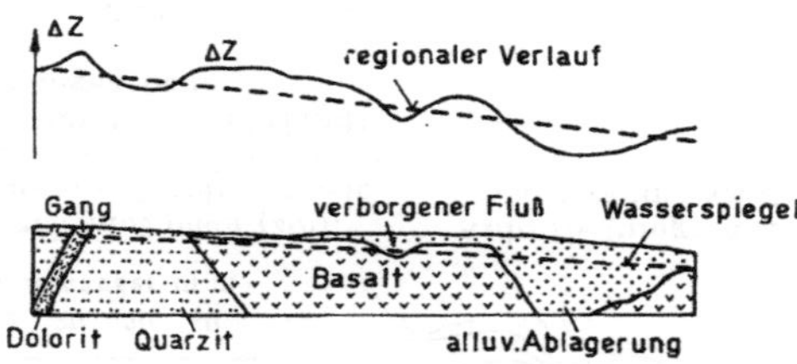 Abb. 20 (umgezeichnet nach [22])*) 2. Abgrenzung der Basaltausdehnung, 3. Bestimmung von Verwitterungszonen im Basalt, die nur einen Teil ihrer ursprünglichen Magnetisierung aufweisen, 4. Erkundung von basischen Gängen, die als Grundwasserbarrieren wirken (s. Abb. 20). *) schematische Darstellung des Einflusses verdeckter Abflußsysteme und der Reliefunterschiede auf den ΔZ-Verlauf; Gang als Grundwasserbarriere	Die Magnetik ist nur dort einzusetzen, wo die magnetischen Gesteinseigenschaften 1. unterschiedlich (Wechsellagerung von Ergußgestein und Sedimenten), 2. merklich (Basaltgebiete) sind. Die Rolle der magnetischen Messungen in diesen Gebieten ist um so höher zu schätzen, da 1. Basalt ein potentieller Grundwasserleiter ist, 2. die Wirkung der verschiedenen geophysikalischen Methoden hier begrenzt ist (R_{fx} nicht anwendbar und VES schwierig zu interpretieren), 3. die hydrogeologischen Verhältnisse sehr kompliziert sind und 4. magnetische Messungen billig und leicht ausführbar sind. Es existieren leider geringe praktische Erfahrungen auf diesem Gebiet der Grundwassererkundung.	[10] [22] [64] [68] [96]

Tab. 10. Geothermie

Prinzip und Methodik	Einsatz in der Wassererkundung	Beispiele	Leistungsfähigkeit und Grenzen	Literatur
Meßparameter: Temperatur T [C°] bzw. Temperatur-Gradient $\frac{dT}{dz}\,\frac{[\text{Grad}]}{m}$ λ-Messungen in situ werden im Bohrloch durchgeführt. Die T- bzw. $\frac{dT}{dz}$-Werte werden in Profil- oder Kartenform für unterschiedliche Tiefen dargestellt. Durch die Luftmessungen der Wärmestrahlung können wichtige und schnelle Informationen über die Temperaturverteilung auf der Erdoberfläche gewonnen werden.	Wird in begrenztem Maße zur Lösung hydrogeologischer Probleme eingesetzt: 1. Lokalisierung von Spaltenzonen, wo aufsteigende Wässer in das Grundwasser übergehen, 2. Ermittlung von natürlichen Thermalquellen und deren zuführenden Spalten, 3. Bestimmung von Intrusionsgrenzflächen, 4. Ortung von wasserhöffigen Zonen durch Strahlungsmessungen aus der Luft.	Eine Isothermenkarte über einer wasserführenden Kluft zeigt die folgende Abbildung: 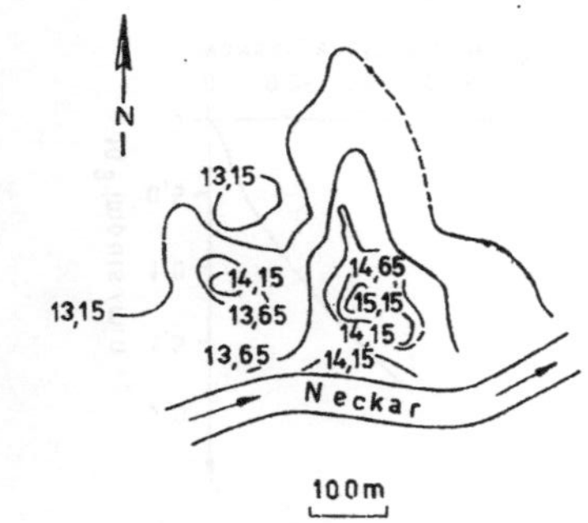 Abb. 23 (nach [10]). gestrichelte Linien: geophysikalisch vermutete Spalten; ausgezogene Linien: geologisch festgelegte Quarzgänge 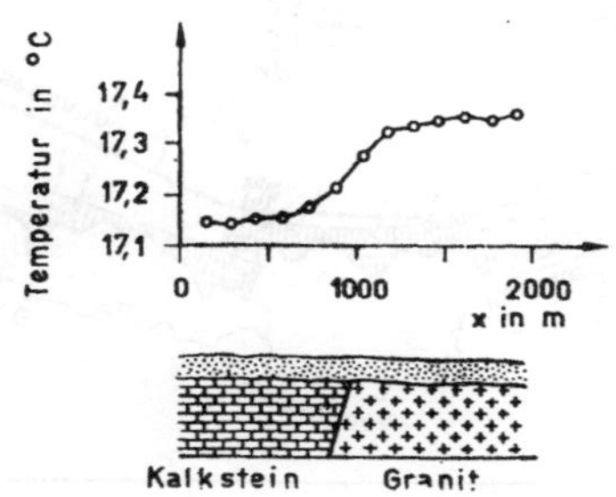 Abb. 24 (nach [40]). Profilmäßige Darstellung der Temperatur über eine Intrusionsgrenzfläche von Granit in Kalkstein	Der Einsatz der geothermischen Messung zur Lösung hydrogeologischer Aufgaben ist auf bestimmte Fälle beschränkt. Die Strahlungsmessung aus der Luft ist ein vielversprechendes Verfahren, das noch nicht genügend erprobt worden ist. Die Wärmeleitfähigkeit ist ein guter Indikator für die Porenfüllung [115]. Die Hauptschwierigkeit besteht in der unhandlichen und aufwendigen λ-Messung. Günstige Einsatzgebiete der T-Messung sind die Untersuchung von Thermalquellen und Dampfvorkommen sowie die Ortung von aufsteigenden Wässern und Karstzirkulationen. Die Berechnung von λ aus anderen leicht meßbaren Parametern (z. B. ϱ) [47] wäre von entscheidender Bedeutung für die Grundwassererkundung.	[10] [40] [47] [55] [59] [68] [82] [92] [115]

Tab. 11. Radiometrie und Isotopengeophysik

Prinzip und Methodik	Einsatz in der Grundwassererkundung	Beispiele	Leistungsfähigkeit und Grenzen	Literatur
Meßparameter: Radioaktivität, (meistens γ-Strahlung) Meßeinheit: Zerfallsakte pro Sekunde (Curie, Röntgen oder Mache). Die natürlichen radioaktiven Eigenschaften der Gesteine hängen vom Gehalt an radioaktiven Stoffen ab. Die Reaktion eines Gesteins auf die radioaktive Bestrahlung liefert wichtige Informationen über Gesteinsstruktur und -chemismus. Das Markieren eines Mediums, z. B. Grundwasser mit radioaktiven Tracern, ermöglicht eine sichere Beobachtung des Fließregimes. γ-Messungen können in der Luft, auf der Erdoberfläche und im Bohrloch, die radioaktive Bestrahlung kann aber nur im Bohrloch durchgeführt werden.	Wird direkt und indirekt für unterschiedlich hydrogeologische Probleme eingesetzt: 1. im Bohrloch zur Differenzierung von Grundwasserleitern und -stauern, 2. Lokalisierung von radioaktiven Wasserquellen und Spalten, 3. Altersbestimmung von Grundwasser, 4. Bestimmung des Fließregimes des Grundwassers mittels Isotopenmarkierung, 5. Feuchtigkeitsbestimmung des Bodens und Untersuchung der Einsickerungsverhältnisse (γ-Absorption, Neutronenstreuung).	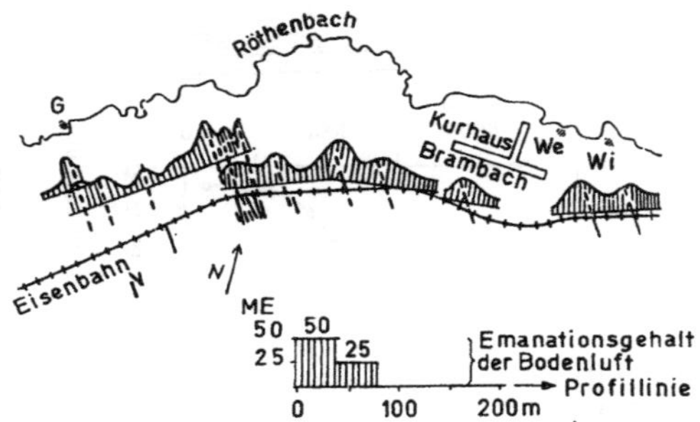 Abb. 25 (nach [48]). Zeigt radiometrische Messungen an radioaktiven Quellen und Spalten G, We, Wi radioaktive Quellen 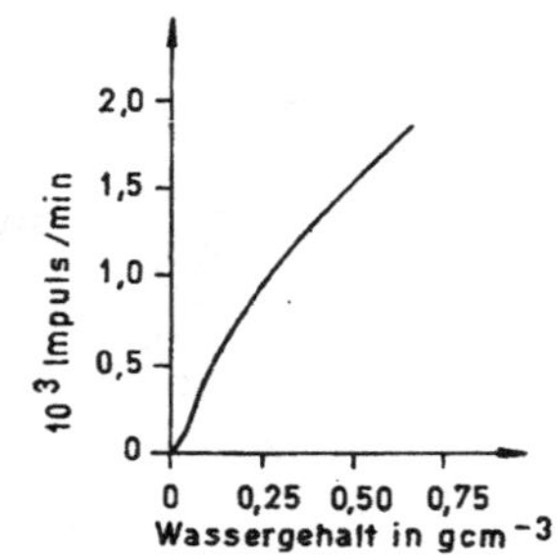 Abb. 26 (nach [10]). Zeigt die Abhängigkeit der reflektierten Neutronen vom Feuchtigkeitsgehalt	Die radiometrische Feuchtigkeitsbestimmung gibt nur die gespeicherte Wassermenge und nicht die bewegliche an. Für die Differenzierung von Wasserleiter und -stauer muß die γ-Messung kombiniert mit anderen geophysikalischen Parametern interpretiert werden. Die radioaktive Isotopenmarkierung leistet wichtige Hilfe für die Behandlung großräumiger hydrogeologischer Probleme (Karst- und Basaltgebiete).	[9] [10] [22] [48] [96] [112]

Fortsetzung der Literatur von S. 224
[44] HAYS, W., u. a.: Mapping gilsenite veins with the electrical research method. – Geophysics, 32, 302–310 (1967).
[45] HOMILIUS, I.: Über die Auswertung geoelektrischer Sondierungskurven im Falle eines vielfach geschichteten Untergrundes. – Z. Geophys., 27, 6, 282–300 (1961).
[46] – Über die Auswertung geoelektrischer Sondierungskurven im Falle eines vielfach geschichteten Untergrundes. – Z. Geophys., 27, 6, 282 bis 300 (1961).
[47] HUTT, J. R., & F. W. Fr. BERG: Thermal and electrical conductivities of sandstone rocks and ocean sediments. – Geophysics, 33, 3, 489 bis 500 (1968).
[48] JABBOUR, G.: Das Aufsuchen von Wasser mit geophysikalischen Methoden (geophysikalisch-hydrologische Voraussetzungen, geophysikalische Verfahren). – Dipl.-Arb., unveröff., Inst. Angew. Geophysik, BA Freiberg 1964.
[49] JASTREBOW, B. W., & W. P. PRORETSCHIN: Osnownje resultaty primenenija komplexa metodow pri poiskach podsemnich wod dela obwodmenija pastbischtsch w sirijskej pustyne. – Geofisitscheskaja Raswedka, 10, 48–65 (1962).
[50] JOHNSON, R. B.: Use of the refraction seismic method for differentiating pleistocene deposits in the Acrola and Tuscola quadrangle Illinois, Ill. – State Geol. Surv. Rep. Investigation, 176, 59 S. (1954).
[51] KELLEY, S. F.: Geophysical exploration for water by electrical resistivity. – J. of Newengland Waterworks Assoc., 118–189 (1962).
[52] KLEVIC, S. S., & YU. V. MUKHIN: Emploi de la prospection électrique pour la prospection des eaux souterraines dans des conditions de pergelisel. – Prosp. et prot. du soussol, 52–55 (1961).
[53] KÖHSLING, J.: Graficzne metody interpretacii badań elektrooporowych w poszukiwaniach wody. – Acta geophys. Polon. Warszawa, 9, 1/2, 138–153 (1961).
[54] KOWALENKO, N. D., & A. G. TARCHOW: K rasschireniju wosmoshnositej metody radiowolnogo proswetschivanija. – Metod. techn. i result. geof. rasw., 472–475, Moskwa 1967.
[55] KROMAR, V.: Uplatneni geotermiky v ložiskové geologii a hydrogeologii. – Geol. Průskum, 10, 6, 187–189, Praha 1968.
[56] KRULC, Z.: Die Beziehung zwischen den geologischen, hydrogeologischen und geoelektrischen Eigenschaften des Gebirges im jugoslawischen Karst unter besonderer Berücksichtigung der Verhältnisse beim Bau von Kraftwerken. – Diss., Zagreb 1965.
[57] LA PLAINE, L.: Prospection géophysique pour l'aux dans le Nord-Cameroun. – Camiron Direction Mines et Geologie Sec. Géol. Rapport Annuel, 20–30 (1964).
[58] LASFARGUES, P.: Prospection électrique par courant continu. – Masson Cie, 290 S., Paris 1957.
[59] LEE, W. H. K.: Terrestrial heat flow. – Geophys. Monog. Ser., Nr. 8, Geophys. Union Nat. Acad. of Sciences, Publ. No. 1286 (1965).
[60] LENNOX, D. H.: Geophysical prospecting for ground water in Alberta, in early contribution to the ground water hydrology of Alberta. – Res. Coun. Alberta Bull., 12, 38–56 (1963).
[61] LENNOX, D. H., & V. CARLSON: Geophysical exploration for buried valleys in an area north of tow Hills, Alberta. – Geophysics, 32, 2, 331–362 (1967).
[62] LEWSCHIN, A. L.: Opredelnije urownja gruntowich wod sejsmitscheskimi metodami. – Isw. AN SSSR, Ser. Geof., 9, 1314–1338 (1961).
[63] LØGN, Ö.: Mapping nearly vertical discontinuities by earth resistivities. – Geophysics, 19, 739–760 (1954).
[64] LOGAJEJEW, A. A.: Kurs magnitoraswedki. – Geotoptechim., Leningrad 1962.
[65] LOTZ, W.: Beitrag zur Methodik der Karstforschung auf geoelektrischer Basis. – Inaugural-Dissertation, 154 S., Göttingen 1956.
[66] MANNAPBEKOW, T. M.: Primenenije WES dlja predelenija mestopoloshenija obwodjennich tektonitscheskich naruschenij. – Usbek. Geol. J., 3, 70–80 (1967).
[67] MATALUCCI, R. V., & M. ABDEL-HADY: Infrared aerial surveys in environmental engineering. – Am. Soc. Civil Engineers Proc. v 94 Paper 6277. Jour. Sanitary Eng. D. V., SA 6, 1071–1084 (1968).
[68] MCDONALD, H. R., & D. WANTLAND: Geophysical procedures in ground water study. – Proc. Amer. Soc. Civil. Engl., Journ. Irrigation and Drainage Div., 86, 13–26 (1960).
[69] MCGINNIS, L. D., & J. P. KEMPTON: Integrated seismic resistivity and geological studies of glacial deposits. – Illinois Geol. Surv. Circ, 323, 23 S. (1961).
[70] MCGINNIS, L. D., u. a.: Relationship of gravity anomalies to a drift-filled bedrock valley system in northern Illinois. – Illinois State Geol. Surv. Circ, 354, 23 S. (1963).
[71] MEIDAV, T.: An electrical resistivity survey for Ground Water. – Geophysics, 25, 5, 1077–1093 (1960).
[72] – Shear wave velocity determination in shallow seismic studies. – Geophysics, 32, 1041–1046 (1967).
[73] MELBYE, C. E.: Resistivity method in ground water exploration, City of Gunnison Colo Transaction. – Am. Inst. of Mining, Metallurgical and Petroleom Engineering, 217, 328–332 (1960).
[74] MORRIS, D. B.: The application of resistivity methods to groundwater exploration of alluvial basins in semi-arid areas. – J. Inst. Water-Engineers, 18, 1, S. 59 (1964).
[75] MOSSETTI, F.: Il metodo geoelettrico della resistava in recerche idriche, possibilata e limit. – Osservatorio geophysico Trieste, Nouva Ser. Publ. No. 46 (1954).
[76] NARASIMHAN, T. N.: Radio-Method for determining characteristics of ideal, leaky and bounded aquifers. – Bull. internat. Hydrol. Sci., Belg., 13, 1, 70–83 (1968).
[77] NORINELLI, A., & R. ZAMBRANO: Misure di gravita per la prospezione di un alveo sepolto. – Atti XI. Convergno Ass. Geof. Ital., 119–133, Roma 1961.
[78] NUNES DE SOUSA, M.: Aplicacao de metode de resistividade electrica na localizacao de fures de sonda para obtencao de aquas subterraneas nas rochas cristalias de Distrito de Mocamedes. – Angela Servicos Geol. e Minas, 14, 41–48 (1966–1968).
[79] OGILWI, A. A.: Rol geofisitscheskich metodow pri isutschenii podsemnich wod. – In: Sbornik trudow geol. fakult. Moskw. Uniw., Isd., 13–28, Moskwa 1961.
[80] – Isutschenije uslowij obwodnenija mestoroshdenij w Karstowich rajonach Urala s pomoschtschju geofistischeskich metodow. – Rasw. i Ochr. Nedra, 11, 33–40 (1962).
[81] OGILWI, A. A., & G. I. NEZAJEWA: Resistiwimetritscheskije nabljudenija kak sposob isutschenija dinamitscheskoj sonalnosti treschtschinno-karstowich podsemnich wod. – Rasw. i Promyschl. Geof., 43, 102–113, Moskwa 1962.
[82] OGILWI, A. A., u. a.: Geophysical studies of water leakages from reservoirs. – Geophys. Prosp., 17, 1, 36–62 (1969).
[83] OLIVER, H. E., & R. F. MATTICK: Geophysical investigations of the channel gravel, in tertiary golbearing channel gravel in Northern. – Nevada County, California US Geol. Surv. Circ, 566, 11–22 (1968).
[84] PALMER, L.: Location of subterranean cavities by geoelectrical methodes. – The Mining Magazine, 91, 3, 137–141 (1954).
[85] PATRA, H. P.: A note on the possibility of saline water invasion around the Jaldha coast, West Bengal (India). – Geoexploration, 5, 2, 95 bis 101, Amsterdam 1967.
[86] PAUL, P. C., & N. P. DUTTA: Electrical resistivity and seismic refraction studies for groundwater in the Jodhpura area, Rajasthan. – Pure Appl. Geoph., 69, 1, 131–142, Basel 1968.
[87] PATTEN, E. P., & G. D. BENNETT: Application of electrical and radioactive well logging to groundwater hydrology. – Geol. Surv. Water-supply Pap. 1544-D, US-Gov. Print. Off., 60 S.
[88] ROBINOVE, CH. I.: Remote sensing potential in basic-data acquisition. – Intern. Conf. „Water for Peace", Washington, D. C. (1967), water supply technology, Washington D. C. US Gov. Print. Off. 991–1005 (1968).
[89] ROGERS, A. S.: Process for detecting underground water. – A.: 25. 11. 1957/E.: 7. 3. 1961, Ref. Off. Gazette, 764, 1, 91–92 (1961).
[90] SCHNIEBER, V.: Beiträge zur Methodik der geophysikalischen Wassererkundung. – Dipl.-Arb., unveröff., math.-naturwiss. Fakultät Karl-Marx-Univ. Leipzig, Inst. geophys. Erk. Geol. (1968).
[91] SCHRÖDER, N., & H. HENKEL: Possibilities and limitations of geoelectrical soundings applied for bedrock-cover analysis. – Teknik och natur, 393–405, Göteborg 1967.
[92] SCHUSTER, K.: Methodische und apparative Entwicklung geothermischer Verfahren für die Anwendung im Bergbau und in der Tiefenerkundung. – Freiberger Forsch.-H., C 232, 5–45, Leipzig 1968.
[93] SEBESTYEN, K., L. MORVAI u. a.: Untersuchung zur quantitativen Interpretation von BLM bei der Wasserprospektion. – Geof. Közelm., 13, 123–124, Budapest 1964 (ungar.).
[94] SELL CANTALAPIEDRA, J., u. a.: La prospeccion geofisica aplicada a las investigaciones geológicas i. Prospección geoeléctrica en el estudio hidrogeológice de Barajas de Melo (Cuenca). – Rev. Geof., 23, 8/990, 51–72, Madrid 1964.
[95] SEMSURIN, W. A.: Methodische Anleitung zur Radiowellensondierung (RWS) bei der Erkundung von Grundwasser in niederen Zonen. – Gosgeoltechisdat., Moskwa 1962 (russ.).
[96] SHAW, S. H.: Some Aspects of geophysical surveying for ground water. – Jour. Inst. Water Engineers, 17, 175–188, London 1963.
[97] SMITH, W. O., & H. B. NICHELS: Mapping water-saturated sediments by sonic methods. – The Scientific Monthly, 36–41 (1953).
[98] STAM, J. C.: Modern development in shallow seismic refraction techniques. – Geophysics, 27, 198–212 (1962).
[99] SZABADVÁRY, L.: Hydrogeologische Verhältnisse der mittleren und östlichen Mongolei im Lichte geoelektrischer Prospektion. – Geof. Közlem., 16, 3, 3–95, Budapest 1967.
[100] TARCHOW, W. N.: Osnowy geofisitscheskoj raswedki metodom radiokip. – Gosgeoltechisdat., 215 S., Moskwa 1961.
[101] TARCHOW, A. G.: Elektroraswedka metodom radiokip. – Rasw. i Ochr. nedr., S. 2934, Moskwa 1962.
[102] – High frequency electrical prospecting. – Nat. Geoph. Res. Inst. Bull. (Indien), 6, 17–24 (1968).
[103] TATTAM, C. M.: The application of electrical resistivity prospecting to ground water problems. – Colorado School of Mines Quart., 32, 117–138 (1937).
[104] UHLIK, J.: Ausnutzung der Potentialverhältnismethode zur Hohlraumsuche (ČSSR). – 12, 457–460, Uhli 1968.
[105] UNZ, M.: Superposition in electrical prospecting. – Geophys. Prosp., 12, 1–48 (1964).
[106] VAN NOSTRAND, R. G., & K. L. COOK: Interpretation of resistivity data. – Geol. Surv. Prof. Pap. 499, US-Gov. Print, Off., Washington 1966.
[107] VOLKER, A., & I. DIJKSTRA: Détermination des salinités des eaux dans le sous-sol du Zuyderzée, par prospection géophysique. – Geophys. Prosp., 3, 2 (1955).
[108] WAIT, J. R.: Propagation of radio waves over a stratified ground. – Geophysics, 18, 416–422 (1953).
[109] WARD, S. H.: Prospecting by use of natural alternating magnetic fields of audio and subaudio frequencies. – Transaction C. I. M. M. 61 (1958).
[110] WARRICK, R. E., & I. D. WINDSLOW: Application of seismic methods to ground water problems in Northeastern Ohio. – Geophysics, 25, 2, 505–519 (1960).
[111] WEBER, M.: Ein direktes Verfahren zur Interpretation von geoelektrischen Schlumberger-Messungen. – Pure Appl. Geoph., 3, 123–127, Basel 1964.
[112] WENOTT, I.: Anwendung von Radioisotopen in der praktischen Geologie. – Kerntechnik, 2, 1, 1–9 (1960).
[113] WYDER, J. E.: Surface resistivity surveys in southeastern Manitoba. – Canada. geol. Surv. Pap., 67–44, 59 S. (1968).
[114] ZOHDY, A. A. R.: Geoelectrical exploration for ground water in the SW-United States. – 36. Annual Intern. SEG-Meeting, Kurzref. Geophysics, 33, S. 1216 (1968).
[115] CHOUKÉR, F.: Methodische und theoretische Untersuchungen zur geophysikalischen Grundwasser-Erkundung. – Freiberger Forsch.-H., C 271 (in Druck).

Zusammenfassung

Es wird die Spezifik und der Erkundungsprozeß der geophysikalischen Grundwassererkundung im Vergleich zur Erdölerkundung behandelt. Danach folgt in Tabellenform eine übersichtliche und kritische Einschätzung der Anwendbarkeit und der Leistung der einzelnen geophysikalischen Verfahren für die Grundwassererkundung, worin auch Hinweise auf Verbesserungen und auf Forschungsrichtungen zur Steigerung der Effektivität der geophysikalischen Grundwassererkundung enthalten sind.

Summary

The peculiarity and procedure of geophysical prospecting for ground water are compared with those for oil. The comparison is followed by a comprehensive and critical examination of the validity and power of the different geophysical methods in the exploration for ground water, which also includes directions concerning further development and research work aimed at increasing the effectiveness of geophysics in the exploration for ground water.

Резюме

Рассматривается специфика процесса геофизической разведки грунтовых вод по сравнению с разведкой нефти. Затем следует в табличной форме наглядная и критическая оценка применяемости и возможностей отдельных геофизических методов разведки грунтовых вод, где также содержатся указания по улучшению и направлению исследований для повышения эффективности геофизической разведки грунтовых вод.

Berechnung von Mehrbrunnenanlagen nach PAAVEL auf dem Rechner ZRA 1

JÜRGEN POMMERENKE & GERHARD GRUBER, Leipzig

(Mitteilung aus dem VEB Hydrogeologie Nordhausen)

1. Einleitung

Für die Berechnung von Mehrbrunnenanlagen im freien Grundwasserspiegel für stationären Zustand stehen mehrere Verfahren zur Verfügung, die von POMMERENKE (1969) kritisch untersucht worden sind.

Die Methode von SICHARDT unter Benutzung des Fassungsvermögens ist bedeutungslos geworden, da BOSOLD (1963) für den Einzelbrunnen nachgewiesen hat, daß die DUPUITsche Brunnengleichung gilt. Von den Beziehungen nach FORCHHEIMER (1930), PAAVEL (1947) und HUMMEL (1958) wurde das Verfahren von PAAVEL ausgewählt, da es in der Berechnung nicht so empfindlich ist wie die anderen.

Im folgenden sollen das Berechnungsverfahren von PAAVEL, die Beschreibung des dafür entwickelten Rechenprogramms für ZRA 1 einschließlich der mathematischen Aufbereitung der Gleichungen und der Programmablaufplan erläutert werden.

2. Berechnung von Mehrbrunnenanlagen nach PAAVEL

PAAVEL geht wie FORCHHEIMER bei seiner Ableitung von der DUPUITschen Brunnengleichung für den Einzelbrunnen aus. Wegen der gegenseitigen Beeinflussung in einer Mehrbrunnenanlage müssen in der Gleichung die unterschiedlichen Fördermengen und die unterschiedlichen Wasserstände der Brunnen berücksichtigt werden. Durch Überlagerung der n unterschiedlichen Potentialströmungen erhält PAAVEL seine Beziehung für die Mehrbrunnenanlage. Er löst das Gleichungssystem durch eine TAYLORsche Reihenentwicklung unter Vernachlässigung der höheren Ableitungen.

Denkt man sich die Fördermenge q_i des i-ten Brunnens aus den Teilen q_{i1} und Δq_{i1} zusammengesetzt, so erhält man:

$$q_i = q_{i1} + \Delta q_{i1} \qquad (1)$$

$$i = 1, 2, \ldots, n$$

In der Gleichung (1) soll q_{i1} eine Näherung des gesuchten q_i sein. Man versucht nun die Größe von q_{i1} so abzuschätzen, daß sie sich dem gesuchten Wert von q_i möglichst nähert. Δq_{i1} ist die neue Unbekannte und stellt die Verbesserung dar. Die Glieder der Gleichung, die sich aus dem Heberleitungssystem ergeben, werden im Gegensatz zu PAAVEL (1947) nicht mit aufgeführt, da in diesem Beitrag nur die hydrologischen Probleme von Mehrbrunnenanlagen untersucht werden. Man erhält mit den errechneten Verbesserungen Δq_{i1} nicht die end-

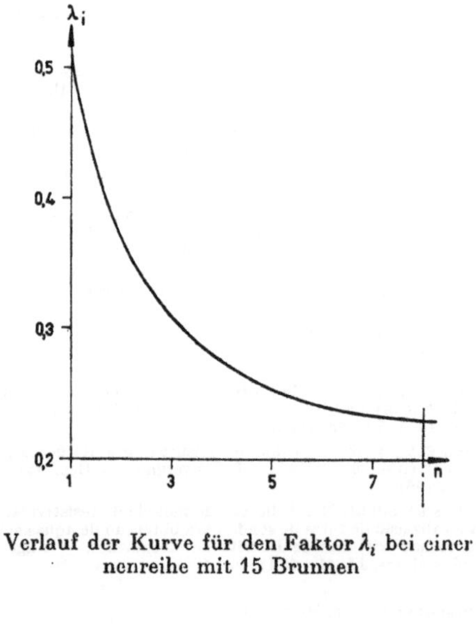

Abb. 1. Verlauf der Kurve für den Faktor λ_i bei einer Brunnenreihe mit 15 Brunnen

Eingang des Manuskripts in der Redaktion: 26. 1. 1970.

gültigen Werte von q_i, sondern die erste Näherung. Das Verfahren konvergiert aber schnell, so daß bei einer guten Vorwahl der Ausgangswerte mit wenigen Iterationen befriedigende Ergebnisse erzielt werden.

Das Verfahren von PAAVEL (1947) soll hier nicht im Detail weiter behandelt werden, denn es ist außer diesem Autor auch von KOCH (1962) ausführlich dargestellt worden. Beachtet werden müssen die Voraussetzungen der Ableitung, d. h. die Brunnen müssen sich gegenseitig beeinflussen.

Der allgemein als Nachteil der PAAVELschen Methode genannte hohe Rechenaufwand kann heute nicht mehr als Hindernis für die Anwendung geltend gemacht werden, denn mit dem erreichten Stand in der

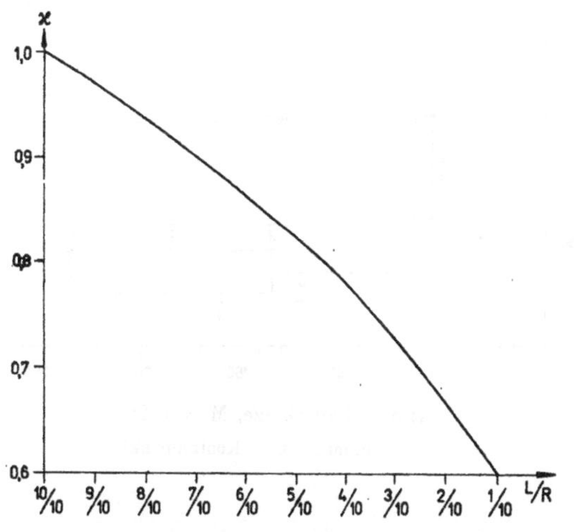

Abb. 2. Verlauf der Kurve für den Faktor ϰ in Abhängigkeit von dem Verhältnis Länge der Brunnenreihe zur Reichweite

elektronischen Datenverarbeitung können die numerischen Lösungen der Gleichungen schnell erhalten werden.

3. Programmerläuterung

Vor der Berechnung muß sowohl die Lage aller Brunnen als auch der Meßstellen in ein beliebiges ebenes Koordinatensystem eingeordnet werden. Für die Anwendung des Programms wurde die Anzahl der Brunnen auf 20 und die der Meßstellen auf 15 begrenzt, da für eine größere Anzahl von Brunnen und Meßstellen der ökonomische Einsatz des ZRA 1 nicht gegeben ist.

Für die Berechnung auf dem ZRA 1 wurden die Gleichungen von PAAVEL aufbereitet. Damit der Rechenaufwand auf ein Minimum beschränkt wird, sind die Grundsatzuntersuchungen aus POMMERENKE (1969) ausgewertet worden. Für die Vorgabe der Wassermenge q wird von der Brunnenfördermenge des Einzelbrunnens ausgegangen. Je nach Lage und Anzahl der Brunnen sind vom Anwender des Programms aus den in zwei Tabellen aufgeführten Faktoren λ_i und ϰ auszuwählen und den entsprechenden Brunnen im Eingabeformular zuzuordnen. Die Abminderungsfaktoren λ_i sind in Abhängigkeit von der Brunnenanzahl bei reihenförmiger Anordnung mit gleichem Brunnenabstand aufgestellt worden. In Abb. 1 wird der Verlauf

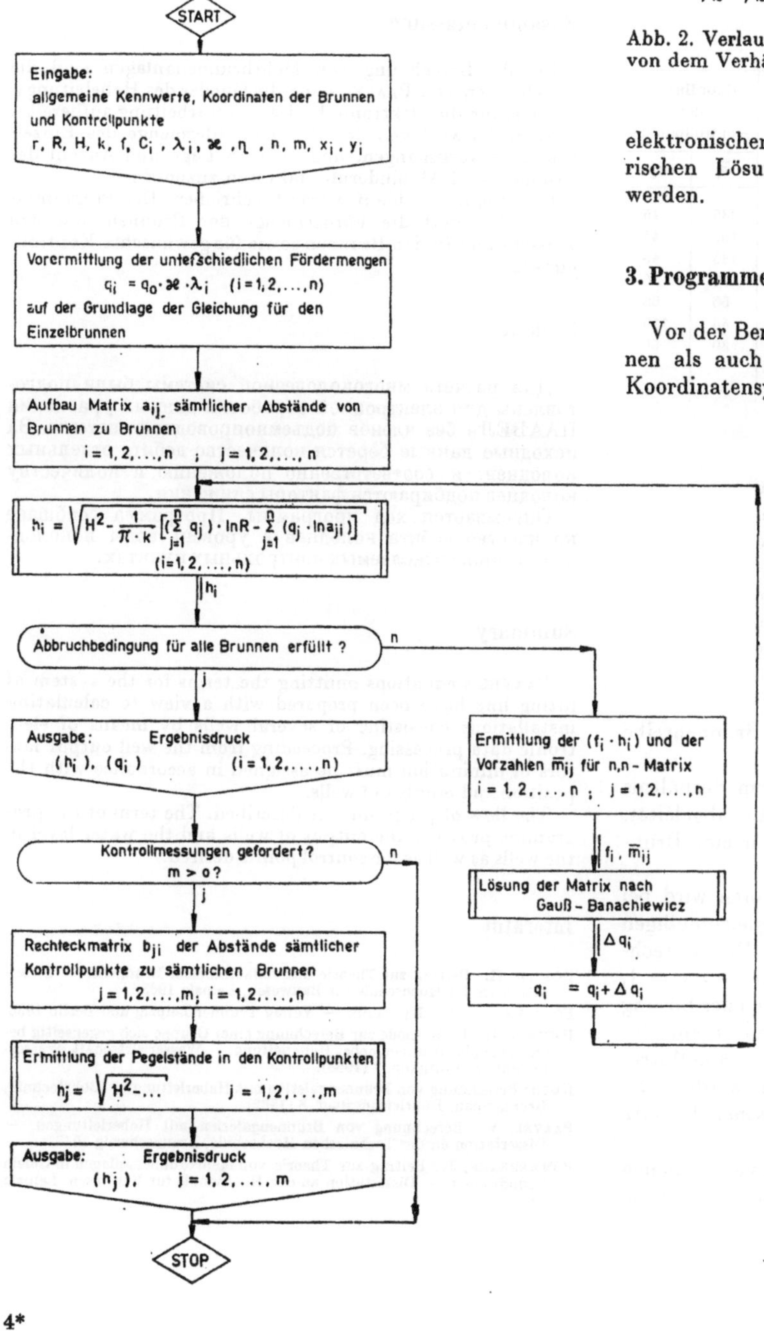

Abb. 3. Programmablaufplan, Schema des Rechenganges

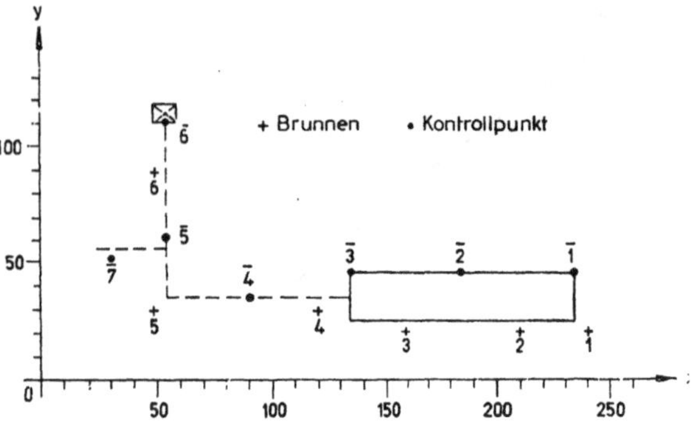

Abb. 4. Lageskizze, M = 1:250
+ – Brunnen, ○ – Kontrollpunkt

Tabelle: Eingabewerte

Allgemeine Kennwerte			i	Koordinaten der Brunnen		Soll-Wert [m]	Bei-wert	Koordinaten der Kontrollpunkte	
Bez.	Dim.	Betr.		x_i	y_i	C_i	λ_i	$\bar{x}_i$	$\bar{y}_i$
R	m	500	1	240	20	2,00	0,83	235	45
r	m	0,35	2	210	20	2,00	0,71	185	45
H	m	9,0	3	160	20	2,00	0,74	135	45
k	m/s	0,0008	4	120	30	2,00	0,83	90	35
f	m	0,3	5	50	30	3,80	0,97	55	60
$\varkappa$		0,87	6	50	90	3,80	0,95	55	110
η		0,9	7	–	–	–	–	30	50
n		6	8	–	–	–	–	–	–
m		7	9	–	–	–	–	–	–

Ergebnis:

$h_1 = 2{,}08$ m $q_1 = 0{,}0141$ m³/s $\bar{h}_1 = 5{,}33$ m
$h_2 = 2{,}04$ m $q_2 = 0{,}0114$ m³/s $\bar{h}_2 = 4{,}94$ m
$h_3 = 1{,}94$ m $q_3 = 0{,}0110$ m³/s $\bar{h}_3 = 4{,}69$ m
$h_4 = 1{,}75$ m $q_4 = 0{,}0121$ m³/s $\bar{h}_4 = 5{,}07$ m
$h_5 = 3{,}64$ m $q_5 = 0{,}0109$ m³/s $\bar{h}_5 = 5{,}42$ m
$h_6 = 3{,}73$ m $q_6 = 0{,}0118$ m³/s $\bar{h}_6 = 5{,}94$ m
$\bar{h}_7 = 5{,}83$ m

der Kurve für den Faktor λ_i bei einer Brunnenreihe mit 15 Brunnen dargestellt.

Der Abminderungsfaktor $\varkappa$ wird von dem Verhältnis Länge der Brunnenreihe zu Reichweite abgeleitet. Abb. 2 zeigt die graphische Darstellung für eine Brunnenreihe mit sechs Brunnen.

Eine Korrektur der Abminderungsfaktoren wird bei nicht reihenförmiger Anordnung und ungleichmäßigen Abständen der Brunnen vorgenommen. Das Berechnungsverfahren bringt auch eine Lösung für $\lambda_i = \varkappa = 1$, aber die Rechenzeit hängt hauptsächlich von der Lösung der Koeffizientenmatrix ab. Bei der Konvergenz des Verfahrens muß in jedem Zyklus eine n,n-Matrix (n = Anzahl der Brunnen) durchlaufen werden. Es wird daher empfohlen, für den ökonomischen Einsatz des Programms die Faktoren zu wählen.

Die Zahl der Iterationen hängt von dem vorgegebenen Wert ab, der als Schranke dem Rechner eingegeben wird. Als Schranke können $\pm 0{,}05$ m bis $\pm 0{,}50$ m Differenz von dem vorgegebenen Wasserstand im Brunnen zugelassen werden.

Weil PAAVEL seine Mehrbrunnengleichung für die Wasserversorgung und nicht für die Grundwasserabsenkung entwickelt hat, treten Schwierigkeiten in der Berechnung bei geringen Restwasserständen im Brunnen auf. Sollte der Wurzelausdruck für den Wasserstand negativ werden, dann wiederholt der Rechner mit einer geringeren Fördermenge der Brunnen die Berechnung, wenn ein entsprechender Beiwert vorgegeben ist.

Das Programm liefert als Ausdruck Wasserspiegelstand und Fördermenge für n Brunnen innerhalb der gewünschten vorgegebenen Genauigkeitsschranke f sowie die Ordinaten des Wasserspiegels für m ausgezeichnete Kontrollpunkte.

Zusammenfassung

Für die Berechnung von Mehrbrunnenanlagen sind die Gleichungen von PAAVEL ohne die Glieder des Hebeleitungssystems für die elektronische Datenverarbeitung aufbereitet worden. Es wird von der Brunnenfördermenge des Einzelbrunnens ausgegangen, und je nach Lage und Anzahl der Brunnen sind Abminderungsfaktoren zuzuordnen.

Der Programmablauf wurde beschrieben. Der Programmausdruck liefert die Fördermenge der Brunnen und den Wasserstand in den Brunnen sowie für gewünschte Kontrollpunkte.

Резюме

Для расчета многоколодезной системы были подготовлены для электронной обработки данных уравнения ПААВЕЛя без членов подъемнопроводной системы. За исходные данные берется количество дебита отдельных колодцев, и соответственно положению и количеству колодцев подбираются факторы снижения.

Описывается ход программы. Программа сообщает количество дебита колодцев и уровень воды в колодцах, а также в желаемых контрольных пунктах.

Summary

PAAVEL's equations omitting the terms for the system of lifting line have been prepared with a view to calculating installations consisting of several wells by means of electronic data processing. Proceeding from the well output factors of diminution must be assigned in accordance with the position and number of wells.

The flow of programme is described. The term of the programme provides the output of wells and the water level in the wells as well as for control points desired.

Literatur

BOSOLD, H.: Beitrag zur Theorie des vollkommenen Brunnens. – Dissertation an der Hochschule für Bauwesen, Leipzig 1963.

FORCHHEIMER, P.: Hydraulik. – Verlag Teubner Leipzig und Berlin 1930.

HUMMEL, H. G.: Methode zur Berechnung einer Gruppe sich gegenseitig beeinflussender Brunnen nebst Heberleitung. – Wasserwirtschaft, Wassertechnik, 8. Jahrgang, 7 (1958).

KOCH: Berechnung von Brunnengalerien mit Heberleitung. – Bohrtechnik, Brunnenbau, Rohrleitungsbau, 8 (1962).

PAAVEL, V.: Berechnung von Brunnengalerien mit Heberleitungen. – Dissertation an der Technischen Hochschule, Braunschweig 1947.

POMMERENKE, J.: Beitrag zur Theorie von Mehrbrunnenanlagen in freiem Grundwasser. – Dissertation an der Hochschule für Bauwesen, Leipzig 1969.

Zeitschrift für angewandte Geologie, Bd. 16 (1970), Heft 5

Informations- und Prognosekarten über das Regime unterirdischer Wässer

S. M. SEMENOW & A. A. KONOPLJANTSCHEW, UdSSR

In der Hydrogeologie wurde bis in die jüngste Zeit das Hauptaugenmerk auf die Erarbeitung von Karten stagnierender oder sich langsam verändernder hydrogeologischer Prozesse gerichtet.

Bekanntlich werden die unterirdischen und besonders die Grundwässer durch eine bedeutende Veränderlichkeit und Dynamik charakterisiert. In der Veränderung des natürlichen Spiegels unterirdischer Wässer werden säkulare, langjährige, jährliche und saisonbedingte Schwankungen unterschieden sowie episodische Schwankungen, die im Ergebnis von Veränderungen der Lufttemperatur, des Luftdruckes, der Transpiration des Pflanzenwuchses u. ä. vor sich gehen.

Solche Veränderungen des Regimes unterirdischer Wässer lassen sich auf flächenmäßig unterschiedlichen Territorien beobachten und unterscheiden sich in ihrer absoluten Größe wesentlich voneinander. Zur Lösung wissenschaftlicher und praktischer Aufgaben sind deshalb Karten erforderlich, die die jährlichen und langjährigen Veränderungen des Spiegels der unterirdischen Wässer im regionalen Plan widerspiegeln und anhand derer sich der Spiegelstand in vergleichbaren Größen darstellen läßt.

Die Veränderung der Schwankungsamplituden des Spiegelstandes wird durch eine Reihe von Faktoren und in erster Linie durch die Lagerungsteufe der Grundwässer bestimmt. Im Zusammenhang damit erhält man selbst in benachbarten Beobachtungspunkten unkorrelierbare Werte der Niveauänderung der Grundwässer im mehrjährigen Schnitt.

Die Karten des relativen Spiegelstandes gestatten, die zu kartierenden Kriterien nicht in absoluten, sondern in genormten relativen Kennwerten darzustellen, wodurch sie horizontal vergleichbar gemacht werden und die Möglichkeit geschaffen wird, die Lage der Merkmale im langjährigen Schnitt zu bewerten. Diese Karten können bei der Planung und Projektierung von Ingenieuranlagen (Industriebau, Wohnungsbau, Wegebau, hydrotechnische und andere Bauten) sowie bei der Planung der Anordnung landwirtschaftlicher Kulturen und ihrer Ertragsfähigkeit Hilfe erweisen.

Die Prinzipien der Konstruktion von Karten des relativen Spiegelstandes von Grundwässern

Zur Konstruktion von Informations- und Prognosekarten des Grundwasserregimes ist es erforderlich, einen Kennwert (ein Kriterium) des Wasserstandes zu finden, der folgenden Anforderungen genügt: Er muß bequem auszurechnen sein, muß anschaulich sein, muß die Möglichkeit territorialer Verallgemeinerung besitzen, darf nicht von lokalen und zufälligen Faktoren abhängen und muß die regionalen Hauptgesetzmäßigkeiten widerspiegeln. Diesen Forderungen genügt ein Kennwert, den wir als Koeffizient des relativen Grundwasserspiegels Λ_H bezeichnen wollen. Er wird bestimmt nach der Formel:

$$\Lambda_H = \frac{H_i - H_{\min}}{H_{\max} - H_{\min}}, \tag{1}$$

wobei

H_i — der Spiegel des gegebenen Jahres,

$H_{\max}$ und $H_{\min}$ — der maximale und minimale Spiegel während der gesamten Beobachtungsperiode sind.

Wenn man zur Charakteristik des Regimes die Beobachtungen der Quellenergiebigkeit benutzt, ergibt sich

$$\Lambda_Q = \frac{Q_i - Q_{\min}}{Q_{\max} - Q_{\min}} \tag{2}$$

wobei

Q_i — die Wassermenge im jeweiligen Jahr,

$Q_{\max}$ und $Q_{\min}$ — die maximale und minimale Wassermenge in der vorliegenden Beobachtungsperiode sind.

In den angeführten Gleichungen stellen $H_{\max} - H_{\min}$ und $Q_{\max} - Q_{\min}$ langjährige Amplituden dar.

Der genormte[1]) Koeffizient Λ_H zeigt, welchen Teil der langjährigen Amplitude die Differenz zwischen dem Grundwasserstand im Bezugsjahr und dem niedrigsten im Beobachtungszeitraum ausmacht. Bei dauernden Beobachtungen kann man den Wert des Koeffizienten Λ_H in Teilen der mittleren quadratischen Abweichung berechnen.

Ein Koeffizient Λ_H von Null $(H_i = H_{\min})$ zeugt davon, daß der Stand des Bezugsjahres die minimale Lage in einer mehrjährigen Reihe einnimmt, während seine Größe bei $\Lambda_H = 1 (H_i = H_{\max})$ dem mehrjährigen Maximum nahekommt.

Der Koeffizient Λ_H kann verschiedene Stände und Ergiebigkeit charakterisieren (Jahresmittel, Monatsmittel, maximale und minimale Grundwasserstände pro Jahr usw.), wodurch er außerordentlich universell wird.

Die Zuverlässigkeit des Koeffizienten Λ_H hängt in bedeutendem Maße von der Dauer der Beobachtungen in jeder Bohrung ab. Je langfristiger die Beobachtungen sind, desto exakter ist der Wert des Koeffizienten. Deshalb erlangen bei der Konstruktion von Informations- und Prognosekarten des Regimes Untersuchungen zur Reduktion kurzzeitiger Beobachtungen auf eine lange Periode große Bedeutung.

Aus: „Raswedka i ochrana nedr", H. 2, S. 43–48 (1969).
Übers.: BERNHARD REH, Mittenwalde

[1]) in Teilen der langjährigen Amplitude

Außerdem ist es wünschenswert, den Koeffizienten Λ_H nach Beobachtungen zu bestimmen, die sich auf eine gleiche Periode beziehen, da das Regime unterirdischer Wässer durch einen mehrjährigen Zyklus charakterisiert wird. Die Korrelierbarkeit der Koeffizienten hinsichtlich des Spiegelstandes wird nur bei ihrer Berechnung nach chronologisch homogenen Beobachtungen ausreichend effektiv.

Noch strenger ist die Berechnung des Koeffizienten Λ_H, indem man nicht die tatsächlich beobachteten maximalen und minimalen langjährigen Grundwasserstände, sondern die mit 1% und 99%iger Wahrscheinlichkeit errechneten verwendet.

Das gestattet, den Amplitudenbereich für eine relativ geringe Beobachtungsreihe (10—20 Jahre) zu erweitern. In diesem Falle wird die langjährige Schwankungsamplitude des Spiegels stabiler, und sie wird die tatsächliche Schwingungsbreite der möglichen Schwankungen unabhängig von der vorhandenen Beobachtungsperiode widerspiegeln. Der nach den angegebenen Spiegeln errechnete Koeffizient der relativen Lage wird nach der Formel

$$\Lambda_H = \frac{H_i - H_{99\%}}{H_{1\%} - H_{99\%}} \qquad (3)$$

bestimmt, wobei $H_{1\%}$ und $H_{99\%}$ die Stände der unterirdischen Wässer mit 1% und 99% Wahrscheinlichkeit sind, die sich in 100 Jahren einmal wiederholen.

Bei $H_i = H_{99\%}$ beträgt der Koeffizient Null. Bei $H_i = H_{1\%}$ beträgt der Koeffizient 1. Wenn $\Lambda_H < 0$ ($H_i < H_{99\%}$) ist, befindet sich der Wasserstand im entsprechenden Jahr bei außergewöhnlich niedrigen Marken mit einer Wiederholbarkeit von weniger als einmal in 100 Jahren; und umgekehrt, bei $\Lambda_H > 1$ ($H_i > H_{1\%}$) nimmt der Spiegel der untertägigen Wässer im entsprechenden Jahr außerordentlich hohe Wasserstandsmarken mit einer Wiederholbarkeit von weniger als einmal in 100 Jahren ein.

Aus der Formel (1) ist ersichtlich, daß die langjährigen Mittel der Grundwasserstände als Mittel aus den Maximal- und Minimalwerten der Spiegelstände für eine entsprechend lange Zeitdauer bestimmt werden.

Das ist nur für Merkmale gerechtfertigt, die sich dem Normalverteilungsgesetz unterordnen. In anderen Fällen läßt sich die Übereinstimmung zwischen dem Wert des Koeffizienten Λ_H und dem des langjährigen Mittels der Spiegelstände kontrollieren, indem der Koeffizient des relativen Spiegelstandes Λ'_H nach der Formel

$$\Lambda'_H = \frac{H_i - \overline{H}}{H_{\max} - H_{\min}} \qquad (4)$$

berechnet wird, wobei
$\overline{H}$ — der langjährige Mittelwert des Grundwasserstandes als Mittel aller Werte der chronologischen Reihe ist.

Die übrigen Bezeichnungen sind die gleichen wie in Formel (1).

Der Koeffizient Λ'_H zeigt, welchen Teil der langjährigen Amplitude der Überstand des Spiegels im entsprechenden Jahr über dem mittleren Spiegelstand der Beobachtungsperiode ausmacht. Bei $\Lambda'_H = 0$ befindet sich der Grundwasserstand im entsprechenden Jahr auf der mittleren langjährigen Wasserstandsmarke.

Bei $\Lambda_H = 0{,}5$ und $\Lambda'_H = 0$ befindet sich somit der Grundwasserspiegel im entsprechenden Jahr tatsächlich in der langjährigen mittleren Teufe. Jedoch zeigt die Erfahrung der Arbeiten, daß es für praktische Zwecke durchaus zulässig ist, die Berechnung des Koeffizienten Λ_H nach der Formel (1) vorzunehmen.

Die Auswahl von Beobachtungspunkten und die Wahl der Maßstäbe für die Konstruktion einer Karte

Bei der Konstruktion von Informations- und Prognosekarten des Regimes unterirdischer Wässer hat die zielgerichtete Auswahl der Ausgangsbeobachtungspunkte eine große Bedeutung. Die Beobachtungspunkte müssen so gewählt werden, daß sie Auskunft über die Gesetzmäßigkeiten der räumlichen Verteilung des zu kartierenden Merkmals geben und keine Schwierigkeiten bei der Erarbeitung der Karte hervorrufen.

Bohrungen, die zur Kartenkonstruktion herangezogen werden, müssen in den Grenzen eines einheitlichen wasserführenden Horizontes und einheitlicher geomorphologischer Elemente angesetzt sein. Eine wichtige Frage ist die Bestimmung der minimal zulässigen Beobachtungsdauer. Wie die Arbeitserfahrung lehrte, müssen Beobachtungen über nicht weniger als 10 Jahre vorliegen, zuverlässigere Daten werden jedoch bei 20jährigen und längeren Beobachtungen gewonnen. Die Resultate kurzzeitiger Beobachtungen lassen sich nur zur Korrektur und Koordinierung der Grenzen verwenden.

Der Maßstab der Regimekarten unterirdischer Wässer bestimmt die Möglichkeit ihrer Erarbeitung und die Handlichkeit ihrer Benutzung, aber ebenfalls die Genauigkeit, mit der die in der Karte enthaltenen Informationen gewonnen werden können. Der Kartenmaßstab hängt von der Anzahl der Beobachtungspunkte, der Gleichmäßigkeit ihrer Verteilung über die Fläche und vom Synchronismus der Spiegelschwankungen über die Fläche ab.

Dem natürlichen Regime unterirdischer Wässer ist eine Gleichartigkeit der Veränderungen eigen, die außerordentlich große Abschnitte umfaßt. Die Dichte des Beobachtungsnetzes kann in solchen Gebieten geringer sein als in den Grenzgebieten, wo eine relative Unregelmäßigkeit der Zyklen langjähriger Schwankungen beobachtet wird. Hier wird auf kurze Abstände die Übereinstimmung in den Spiegelveränderungen oft gestört.

Für eine allgemeine Vorstellung vom Grundwasserregime großer Territorien muß die Karte des relativen Spiegelstandes nach allen auf diesem Territorium vorhandenen charakteristischen Punkten konstruiert werden und sollte nicht größer sein als im Maßstab 1 : 5000000. Mit der Sammlung von Erfahrungen und der Vergrößerung des Faktenmaterials kann man zu Karten größeren Maßstabes übergehen, die ursprünglich schematischen Charakter tragen werden. Ungeachtet dessen kann man bereits jetzt anhand dieser Karten über den Spiegelstand der untertägigen Wässer in den Grenzen großer Territorien urteilen und die gerichteten jährlichen und langjährigen Veränderungen im regionalen Rahmen analysieren.

Die Karten des relativen Grundwasserstandes der Zentralbezirke im europäischen Teil der UdSSR

Auf der Grundlage der dargestellten Methodik wurde von den Verf. eine Serie von Informationskarten konstruiert, die die Zentralgebiete im europäischen Teil der UdSSR umfassen. Wie auf der Karte, die die relative Lage des Jahresmittels der Grundwasserstände für 1965 charakterisiert (Abb. 1), ersichtlich ist, läßt sich in der Verteilung des relativen Grundwasserstandes eine bestimmte Gesetzmäßigkeit erkennen. Im Norden des europäischen Teiles der UdSSR weisen die Koeffizienten den Wert Null oder Werte nahe Null auf. Das weist darauf hin, daß sich die Grundwasserstände 1965 bis zu den langjährigen Minimalmarken abgesenkt haben. Im Süden des europäischen Teiles der UdSSR wurde 1965 eine hohe Lage des Grundwasserspiegels festgestellt. Die Koeffizienten des relativen Spiegelstandes betragen nahe Eins oder genau Eins. In den Zentralgebieten nahmen die Grundwasserstände 1965 eine Zwischenlage im langjährigen Schnitt ein. Die Größe des Koeffizienten Λ_H schwankt um 0,5. Auf diese Weise kann man auf derartigen Karten ausreichend anschaulich die Verteilung wasserreicher, wasserarmer und Gebiete mit mittlerer Wasserführung erkennen.

Die Analyse der Karte gestattet, die Schlußfolgerung zu ziehen, daß sich die Zentren des Wasserreichtums und der Wasserarmut auf dem Territorium verlagern, in Abhängigkeit von den Besonderheiten der allgemeinen atmosphärischen Zirkulation und den mit ihr verbundenen Bahnen der Zyklone und Antizyklone auf dem Gebiet der UdSSR. Die Karten gestatten ebenfalls eine quantitative Bewertung von Flächen mit diesem oder jenem Typ der Wasserführung. So nahmen z. B. 1965 die wasserarmen Gebiete mehr als 40% des gesamten europäischen Teiles der UdSSR ein.

Wenn man eine Serie solcher Karten für verschiedene Jahre einer Analyse unterwirft, läßt sich feststellen, in welchen Jahren die größte Verbreitung von Flächen mit hohen, mittleren und niedrigen Grundwasserständen zu beobachten war. Auf dem Territorium des europäischen Teiles der UdSSR zeichnen sich auf den Karten für 1965 sich gegenseitig kompensierende Wasserführungsgebiete im Norden und Süden sowie im Westen und Osten ab.

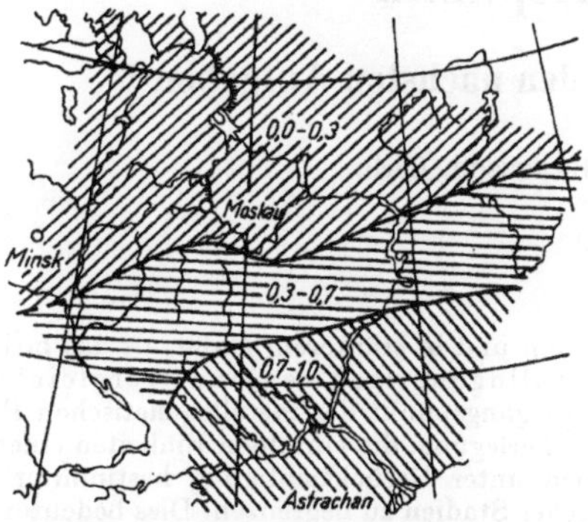

Abb. 1. Schematische Karte des Jahresmittels des Grundwasserstandes auf dem Territorium des europäischen Teiles der UdSSR für 1965

Zonen: 1 – niedriger Grundwasserstände, 2 – mittlerer Grundwasserstände, 3 – hoher Grundwasserstände

Die Ziffern bezeichnen den Koeffizienten des relativen Grundwasserstandes als Jahresmittel.

Die Territorien mit hohen, mittleren und niedrigen Wasserständen liegen auf der Karte in der Regel folgerichtig nebeneinander. Das wasserreiche Gebiet grenzt unmittelbar an das Zwischengebiet, welches allmählich in das wasserarme übergeht. Bei rechtzeitiger Erstellung von Karten der relativen Grundwasserstände für die laufenden Jahre kann man im voraus die geringe Wahrscheinlichkeit feststellen, mit der ein wasserreiches Jahr nach einer wasserarmen Periode auftritt.

Karten der Schwankungsamplitude des Grundwasserstandes

Versuche, die flächenhafte Verteilung der Amplituden in Form von Isolinien oder Zonen für große Territorien zu zeigen, endeten gewöhnlich mit einem Mißerfolg. Selbst für lithologisch homogene hydrogeologische Gebiete wird eine Amplitudenkartierung nur in dem Falle möglich, wenn alle Faktenangaben auf eine einheitliche Lagerungsteufe reduziert werden.

Um die Amplituden nach Bohrungen zu vergleichen, die sich in unterschiedlichen natürlichen Verhältnissen befinden, macht es sich erforderlich, die Werte dieser Amplituden in Form des Koeffizienten

$$\Lambda_A = \frac{A_i - \bar{A}}{\sigma} \tag{5}$$

darzustellen, wobei

A_i — die Schwankungsamplitude des Grundwasserstandes im entsprechenden Jahr;

$\bar{A}$ — der langjährige Amplitudenmittelwert;

σ — die mittlere quadratische Abweichung der Amplitude

sind.

Der Koeffizient Λ_A gibt an, welchen Teil der mittleren quadratischen Abweichung die Überhöhung der Amplitude im betrachteten Jahr über der mittleren Amplitude der Beobachtungsperiode ausmacht. Die mittlere quadratische Abweichung stellt im gegebenen Fall den Parameter dar, auf den die Amplitudenwerte der einzelnen Jahre bezogen werden. Es läßt sich leicht erkennen, daß bei Gleichheit zwischen der Amplitude des entsprechenden Jahres und ihrer langjährigen mittleren Norm der Koeffizient Λ_A Null beträgt. Bei $A_i > \bar{A}$ ist der Koeffizient größer als Null und bei $A_i < \bar{A}$ besitzt er negative Werte. Die obere und untere Grenze des Koeffizienten Λ_A hängen von der Amplitudenveränderlichkeit ab.

Mit Hilfe dieses Koeffizienten lassen sich beliebige phasenhomogene Amplituden kartieren: jährliche, saisonbedingte, langjährige, monatliche usw. Wenn die Berechnung der mittleren quadratischen Abweichung Schwierigkeiten bereitet, verwendet man den vereinfachten Ausdruck des Koeffizienten

$$\Lambda_A = \frac{A_i - \bar{A}}{A} \tag{6}$$

wobei

A — die Differenz zwischen den höchsten und niedrigsten Amplitudenwerten der gesamten Beobachtungsperiode darstellt.

Die übrigen Bezeichnungen sind die gleichen, wie in dem Ausdruck (5).

Der Ersatz von σ durch A ist durchaus zulässig, da beide Größen ein Maß für die Veränderlichkeit des zu analysierenden Merkmales darstellen. Die Benutzung der aufgeführten Koeffizienten gibt die Möglichkeit, Bereiche mit synchroner Veränderung der Schwankungsamplitude unterirdischer Wässer auszuhalten. Für den Koeffizienten Λ_4, der für die Amplituden des Frühjahrsanstaues ausgerechnet wurde, lassen sich Abschnitte mit einheitlichem Speisungswert ausgliedern, d. h., es werden sogenannte regulierende Grundwasservorräte kartiert.

Auf der Karte, die die Verteilung von Gebieten mit einheitlichen relativen Jahresschwankungsamplituden der Grundwässer illustriert (Abb. 2), ist ersichtlich, daß 1961 die höchsten relativen Amplituden in Belorußland und im Norden der Ukraine beobachtet wurden. Im Osten des europäischen Teiles der UdSSR herrschten Witterungsbedingungen, die über lange Jahre mittlere Jahresamplituden bedingten. Die Koeffizienten der relativen Jahresamplitudenwerte schwanken hier im Bereich von 0,3 bis 0,7. Gleichzeitig werden das Zentrum und der Westen des europäischen Teiles der RSFSR durch niedrige Werte der relativen Jahresamplituden gekennzeichnet und nähern sich dem langjährigen Minimum.

Somit stellen die zu empfehlenden Karten ein bequemes und äußerst anschauliches Verfahren zur regionalen Analyse der innerhalb eines Jahres und über Jahre hinaus auftretenden Veränderlichkeiten unterirdischer Wässer dar. Die Aufgaben, die sich unter Verwendung dieser Karten lösen lassen, sind sehr vielfältig. Man kann beispielsweise den langjährigen Mittelwert des Spiegelstandes, seine langjährigen maximalen und minimalen Werte und die langjährige Amplitude bestimmen, d. h., man kann die notwendigen Parameter für die Projektierung dieses oder jenes Bauvorhabens auf einem konkreten Abschnitt erhalten. Dabei wird ihre Bewertung auf der Grundlage einer Analyse von Unterlagen über langjährige Beobachtungen über ein weites Territorium vorgenommen, wodurch sich ihre Zuverlässigkeit erhöht.

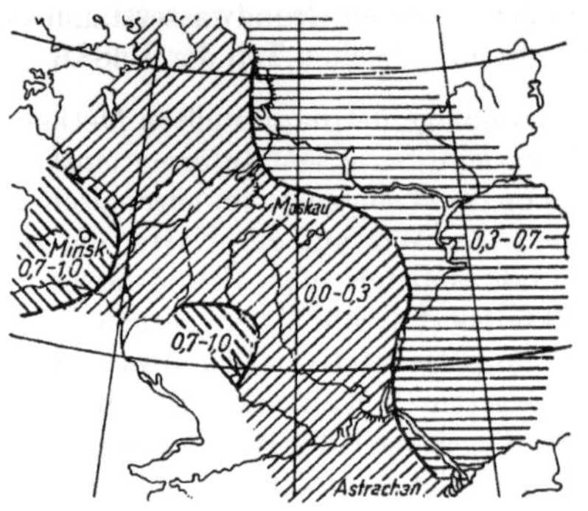

Abb. 2. Schematische Karte der Verteilung der relativen Jahresamplituden von Grundwasserstandsschwankungen auf dem Territorium des europäischen Teiles der UdSSR

Gebiete: 1 – mit niedrigen Werten der relativen Jahresamplituden, 2 – mit mittleren Werten der relativen Jahresamplituden, 3 – mit hohen Werten der relativen Jahresamplituden

Die Ziffern bezeichnen den Koeffizienten des relativen Wertes der Jahresamplitude.

Die Karten des relativen Spiegelstandes und der Amplituden können Prognosekarten sein, wenn auf ihnen Koeffizienten eingetragen werden, die unter Verwendung vorausgesagter Amplituden- und Spiegelwerte errechnet werden.

Derartige Karten zu erarbeiten ist für einzelne Regionen zweckmäßig. Sie werden helfen, die Bildungsprozesse des Grundwasserregimes zu erschließen und werden eine breite Anwendung bei der Lösung einer Reihe volkswirtschaftlicher Aufgaben finden.

Zu Problemen der Metallogenie in der Deutschen Demokratischen Republik

II. Einige Bemerkungen zur Methodik und zu den nächsten Aufgaben[1])

GERHARD TISCHENDORF, SIEGFRIED LÄCHELT & JOHANNES RENTZSCH, Berlin

(Mitteilung aus dem Zentralen Geologischen Institut, Berlin)

Im Teil I der Reihe „Zu Problemen der Metallogenie in der DDR" wurde eine zusammenfassende Darstellung der Kenntnisse über die metallogenetische Situation der DDR gegeben und eine metallogenetische Rayonierung des Territoriums vorgeschlagen (TISCHENDORF, LÄCHELT & RENTZSCH 1969). Die metallogenetische Rayonierung bildet die Grundlage, bei künftigen Untersuchungen in einzelnen Gebieten sowohl den Zusammenhang mit benachbarten Einheiten zu berücksichtigen als auch die Unterschiede in der Entwicklung zu beachten und in stärkerem Maße, als das bisher der Fall war, metallogenetisch regional vergleichend zu arbeiten. Ausgangspunkt der metallogenetischen Rayonierung war die Überlegung, die einzelnen Einheiten einerseits in der Vertikalen unter Berücksichtigung bestimmter geologisch-tektonischer Stadien zu begrenzen. Dies bedeutet eine Rayonierung nach dem Parameter: Zeit. Andererseits war eine Begrenzung in der Horizontalen auf Grund der regionalen Unterschiede in der geologisch-tektonischen Entwicklung vorzunehmen. Dies bedeutet eine Rayonierung nach dem Parameter: Raum.

Die metallogenetische Gliederung basiert somit auf der zeitlich und räumlich unterschiedlichen geologischen Entwicklung, d. h. (im Normalfall) auf der zeitlichen Folge und

Eingang des Manuskript in der Redaktion: 9. 3. 1970.

[1]) Veränderte Fassung eines Vortrags anläßlich der 16. Jahrestagung der Deutschen Gesellschaft für Geologische Wissenschaften vom 19. bis 22. November 1969 in Rostock.

der räumlichen Verteilung von Ablagerungen des Geosynklinalstadiums mit abschließender Hauptfaltung, des Übergangsstadiums und des Tafelstadiums. Das geologisch-tektonische Regime des Geosynklinal- und des Tafelstadiums ist deutlich voneinander unterscheidbar. Die Bildungen des Übergangsstadiums besitzen einen Quasitafelcharakter und nehmen somit sowohl formationell als auch metallogenetisch eine Übergangsstellung ein. Während die Molassen bereits die Tafel vorzeichnen, klingt mit den Magmatitintrusionen die Geosynklinal-Faltengebirgsentwicklung aus. Das Ergebnis der metallogenetischen Rayonierung des Territoriums der DDR ist in den Abb. 2—5 des I. Teiles der genannten Veröffentlichungsreihe (TISCHENDORF, LÄCHELT & RENTZSCH 1969) dargestellt.

Zur Notwendigkeit einer metallogenetischen Rayonierung

Mit der Einteilung des Territoriums der DDR in Gebiete mit diskreter geologisch-tektonischer Entwicklung sind die metallogenetischen Probleme natürlich nicht geklärt. Die bestehende Problematik wird jedoch zunächst erst einmal klarer erfaßt. Dabei werden auch gleichzeitig Wege zu ihrer Lösung aufgezeigt. Bei einer Analyse der metallogenetischen Entwicklung eines bestimmten Gebietes, z. B. mit varistischen magmatischen Erscheinungen, und einer Prognose damit in Verbindung stehender Elementanreicherungen muß offenbar von einer derartigen Rayonierung ausgegangen werden. In derselben Form, wie sich die geochemisch-mineralogische Spezialisierung der Magmatite der varistischen Übergangsperiode, z. B. in den Profilen

a) Westerzgebirge—Vogtland, Ostthüringen, Thüringer Wald,

b) Mittelerzgebirge, Granulitgebirge, Zeitz—Weißenfels, Harz oder

c) Osterzgebirge, Nordsachsen, Halle—Wittenberg, Flechtingen—Roßlauer Scholle,

ändert, so ändern sich auch Form und Inhalt der damit verbundenen Lagerstättentypen. Offenbar nimmt eine stoffliche, auf bestimmte Elemente ausgerichtete Spezialisierung der Magmatite (z. B. Sn, Li, F) in diesen konkreten Fällen von der Fichtelgebirgisch—Erzgebirgischen Randantiklinale nach Nordwesten quer zu den varistischen Strukturzonen ab. Sie erreicht im Bereich der Mitteldeutschen Schwelle ein Minimum. Im Rhenoherzynikum setzt wiederum eine gewisse Spezialisierung, jedoch anderer Art, ein.

Auch die Analyse der vulkanogenen Komplexe des Permokarbons muß von der betreffenden geologisch-tektonischen Situation ausgehen. Aus diesem Grunde sind z. B. die Vulkanitkomplexe des Osterzgebirges, von Nordsachsen, Halle—Wittenberg und der Flechtinger Scholle, obwohl zeitlich etwa gleich alt, wegen ihrer unterschiedlichen Position, d. h. hinsichtlich ihrer Lage im Varistikum, ihrer Lage zu Intrageosynklinalen oder zu Intrageoantiklinalen metallogenetisch unterschiedlich zu bewerten. Andererseits muß bei den Untersuchungen der Vulkanite des Thüringer Waldes und von Halle—Wittenberg die äquivalente metallogenetische Situation, nämlich die Lage im Bereich der Mitteldeutschen Kristallinzone, berücksichtigt werden.

Die metallogenetische Rayonierung sondert somit bestimmte territoriale Einheiten aus, die durch eine bestimmte stoffliche und strukturelle Spezialisierung ausgezeichnet sind und dadurch auch eine bestimmte lagerstättenprognostisch ähnliche Bewertung erhalten müssen.

Bei der metallogenetischen Analyse muß beachtet werden, daß sowohl tektonische Elemente (z. B. Querblöcke, Lineamente) als auch Mineralisationen (Fluorit, Baryt) existieren, die durch die ausgeschiedenen metallogenetischen Einheiten hindurchsetzen. Ihre Bildungsursachen sind offensichtlich in größerer Tiefe zu suchen. Deuten wir die Geosynklinal-Faltengebiete als Bildungen im Krustenbereich, so müssen die durchsetzenden Strukturen im Sinne von FAWORSKAJA, TOMSON u. a. (1969) im unteren Krustenbereich bzw. im oberen Mantel angelegt worden sein. Metallogenetisch ist dieser Umstand insofern bedeutungsvoll, als sich dadurch die genetische Position solcher Mineralisationen erklärt, die sich nicht den ausgeschiedenen metallogenetischen Einheiten unterordnen. Da die Ursachen für die Bildung der durchsetzenden Strukturen nicht denen der Geosynklinal-Faltengebietsentwicklung entsprechen und wahrscheinlich in einem tieferen Bereich zu suchen sind, muß ihre Anlage in speziellen tektonischen Bewegungen, die hier in Übereinstimmung mit sowjetischen Autoren (z. B. STSCHEGLOW 1968) als tektonische Aktivierung bezeichnet werden, gesucht werden.

Zur Ausarbeitung von Systemen metallogenetischer Faktoren und Indikatoren

Als ein Beispiel der gezielten Anwendung metallogenetischer Methoden bei der Vorhersage lagerstättenhöffiger Räume können die Arbeiten zur Metallogenie und Prognose des Zinns im Erzgebirge genannt werden (TISCHENDORF 1968; TISCHENDORF, BOLDUAN u. a. 1969). Um bei den über einige Jahre dauernden Untersuchungen systematisch vorzugehen und sich bei der Bearbeitung auf die für eine Prognose wichtigsten geologisch-tektonisch-geochemischen Erscheinungen zu konzentrieren, wurde versucht, das bei der Lagerstättenbildung und bei der Lagerstättenanzeige insgesamt wirkende System zu erkennen, in Teilsysteme aufzugliedern und die diese Teilsysteme bildenden Faktoren und Indikatoren zu analysieren. Den prinzipiellen Aufbau des Systems zeigt Tab. 1.

Als Beispiel für die Indikatoren und Faktoren können genannt werden:

A 1 — palingene oder migmatitische Entstehungsweise von Granitoiden und ihre geologisch-tektonische Position;

A 2 — geochemische und mineralogische Spezialisierung der Granitoide, z. B. ihre Sn-Li-F-Gehalte, ihre Akzessoriengemeinschaft (Topas, Fluorit, Apatit, Zirkon);

B 1 — Auftreten regionaler Tiefenstörungen;

B 2 — Auftreten und Morphologie des Kontaktes stofflich spezialisierter Granitoide zum Nebengestein, lithologische Besonderheiten, Auftreten von Strukturlinien;

B 3 — Auftreten sekundärer und primärer Dispersionshöfe, Metasomatoseerscheinungen, formationeller Typ der Zinnmineralisation, alter und gegenwärtiger Bergbau.

Tab. 1. Das System der metallogenetischen Faktoren und Indikatoren für die Prognose endogen-epigenetischer Zinnlagerstätten im Erzgebirge

A — Granitkontrollierende Faktoren und Granitindikatoren

A 1 — Granitkontrollierende Faktoren

Strukturen zur Kontrolle der Intrusion metallogenetisch spezialisierter Granite

A 2 — Granitindikatoren

Stoffliche Eigenheiten der Granite, die eine geochemische Spezialisierung anzeigen

B — Erzkontrollierende Faktoren und Erzindikatoren

B 1 — Regional erzkontrollierende Faktoren

Verlauf, Lage und Eigenheiten von geologischen Strukturen bzw. Gesteinen, die die Erzzuführung und regionale Erzverteilung bedingen

B 2 — Lokal erzkontrollierende Faktoren

Verlauf, Lage und Eigenheiten von geologischen Strukturen bzw. Gesteinen, die die Erzkonzentrierung, Erzausfällung und lokale Erzverteilung bedingen

B 3 — Erzindikatoren

Verlauf, Lage und Eigenheiten von geologischen Strukturen, Gesteinen und Mineralisationen, die Erze anzeigen; die regionale Verteilung dieser Strukturen u. a., ihr Bildungsverlauf sowie ihre gegenseitige genetische Abhängigkeit

Das Wesen dieses Systems besteht darin, den ursächlichen Zusammenhang zwischen bestimmten geologischen Erscheinungen, die zur Lagerstättenbildung führen, also Prävererzungscharakter haben, der Lagerstätte selbst und den geologischen Erscheinungen, die mit der Lagerstätte verbunden sind oder von ihr ausgehen, also Syn- bis Postvererzungscharakter besitzen, zu erfassen. Die geologischen Erscheinungen, welche die Lagerstättenbildung bedingen, bilden das Faktorenteilsystem. Die geologischen Erscheinungen, die eine Lagerstätte anzeigen, bilden das Indikatorenteilsystem.

Im Fall endogen-epigenetischer Zinnlagerstätten können die granitkontrollierenden Faktoren als indirekte erzkontrollierende Faktoren und die Granitindikatoren als indirekte Erzindikatoren verwendet werden. Dies liegt in dem engen genetischen Zusammenhang zwischen Granitoiden und Zinnanreicherungen begründet.

Es kann festgestellt werden, daß die Systematisierung der Faktoren und Indikatoren bei der metallogenetischen Analyse als Vorbereitung für die Prognose von Zinnlagerstätten außerordentlich dienlich war.

Erstens hat das System den Bearbeitern geholfen, die geologischen Erscheinungen komplex zu erfassen. Durch den Systemcharakter wurden alle überhaupt möglichen Erscheinungen erfaßt.

Zweitens hat das System die Bearbeiter gezwungen, alle beobachteten Erscheinungen zu klassifizieren. Damit wurde das Wesen dieser Erscheinungen besser erkannt.

Drittens hat das System unverändert und völlig logisch als Disposition für den Abschlußbericht gedient. Dies hat die Berichterstattung erleichtert und qualitativ verbessert.

Viertens wurde das System als Grundlage für die ökonomische Bewertung im Rahmen der Einschätzung der Perspektivität der einzelnen Gebiete, d. h. für die qualitative Prognose, verwendet. Dies ermöglichte eine lagerstättenprognostische Aussage auf wissenschaftlicher Grundlage.

Das vorgenannte System der metallogenetischen Faktoren und Indikatoren ist speziell für die Prognose endogener Zinnlagerstätten im Erzgebirge ausgearbeitet worden. Es ist in seinem Aufbau jedoch so allgemein, daß es im Prinzip auch für andere endogene und exogene Lagerstättentypen angewendet werden kann und im Interesse einer stärkeren Systematisierung und höheren Effektivität metallogenetischer Untersuchungen auch angewendet werden sollte.

Für endogen-exogene Übergangsbildungen und vor allem für exogene Lagerstättentypen muß natürlich das für endogen-epigenetische Lagerstättentypen geltende, quasi monogenetische Modell für die in vielen Fällen polygenetischen Entstehungsbedingungen endogen-exogener bzw. exogener Lagerstättentypen abgewandelt werden, um die zum Teil ganz verschiedenen geologischen Prozesse, die zur Lagerstättenbildung im sedimentären Bereich führen, differenziert analysieren zu können.

Zum Problem der metallogenetischen Spezialisierung

Ein wesentliches Ziel metallogenetischer Untersuchungen besteht darin, jene Besonderheiten in der Entwicklung eines Gebietes zu erkennen, die für die Anreicherung von Elementen maßgeblich verantwortlich gemacht werden können. Diese Besonderheiten bezeichnen wir als metallogenetische Spezialisierung, wobei eine geochemisch-mineralogische und eine tektonisch-strukturelle Spezialisierung unterschieden werden können (siehe TISCHENDORF, LÄCHELT & RENTZSCH 1969, S. 469).

Eine metallogenetische Spezialisierung kann erkannt und festgestellt werden, wenn gegenüber einer Norm eine Abweichung vorliegt. Diese Abweichung kann positiv sein oder negativ. Bei der geochemisch-mineralogischen Spezialisierung wird als Norm gewöhnlich ein Durchschnittswert mit hoher statistischer Sicherheit gewählt: der regionale CLARKE-Wert, der planetare CLARKE-Wert, der planetare CLARKE-Wert eines bestimmten Gesteins u. a. Hier ist die Problematik relativ klar. Die stoffliche Spezialisierung eines Gesteins ergibt sich als Differenz der Mittelwerte der entsprechenden Gesteine zum planetaren CLARKE.

Die Festlegung einer Norm als Bezugspunkt für eine tektonisch-strukturelle Spezialisierung ist weitaus schwieriger. Gegenwärtig existieren noch keine Vorschläge hierfür. Verf. sind jedoch der Ansicht, daß als Norm eine bestimmte Kombination struktureller und tektonischer Elemente angesehen werden kann. Je kleiner die Einheit bzw. das Territorium ist, für das diese Norm als Grundlage angenommen wird, um so komplizierter wird die Kombination sein, da neben den spezifisch lokalen Elementen auch die übergeordnet regionalen in die strukturell-tektonische Situation mit eingehen.

Zur Ermittlung der tektonisch-strukturellen Spezialisierung eines Gebietes dürften folgende Eigenheiten zu erfassen sein:

1. Typ der Struktur, klassifiziert nach ihrer Größe (von n · 10^6 km² bzw. n · 10^6 km bis zu n · 10^4 km² bzw. n · 10^{-6} km) und ihrer Form, z. B. eine Gruppe räumlicher Strukturen (Synklinalen, Antiklinalen, Sättel, Mulden, Senken, Tröge, Tafeln), eine Gruppe flächenhafter Strukturen (Tiefenstörungen, Bruchstörungen, Klüfte) sowie eine Gruppe kombinierter Strukturen (Aulakogene, Gräben, Schollen, z. T. Lineamente);

2. Tiefenreichweite und Tiefenanlage der Struktur, klassifiziert nach ihrem Tiefgang in bezug auf verschiedene Bereiche der Kruste und des Mantels, z. B. oberflächennaher Bereich (Erdoberfläche bis einige km Tiefe), oberer Krustenbereich (bis 10—25 km Tiefe, d. h. bis zur CONRAD-Diskontinuität), tieferer Krustenbereich (bis 35 km Tiefe, d. h. zur MOHOROVIČIĆ-Diskontinuität), oberer Mantel (tiefer als 35 km);

3. Mobilität der Struktur, klassifiziert nach der Intensität der Beanspruchung, der Stärke und Richtung der Bewegung sowie der Häufigkeit der Bewegung (Reaktivierung). Eine Quantifizierung dieses Parameters ist vorerst nicht gegeben. Ausdruck der Mobilität sind z. B. Sedimentations- und Erosionsraten, Häufigkeit epigenetischer Prozesse, Metamorphose- und Konsolidierungsgrad;

4. Raumlage der Struktur, klassifiziert bei räumlichen Strukturen, z. B. nach Streichen und Fallen der Achsenebene, Streichen und Neigung der Achse, Richtung und Steilheit der Flanken; bei flächenförmigen Strukturen nach dem Streichen und Einfallen, bei kombinierten Strukturen nach der Orientierung der Struktur im großstrukturellen Plan und den Merkmalen der Begrenzungsflächen;

5. Art der Kombination von Strukturen, gekennzeichnet nach der Lage der Strukturen zueinander, z. B. einzeln auftretende Struktur, parallel orientierte Strukturen, sich spitzwinklig schneidende Strukturen, sich mehr oder weniger rechtwinklig schneidende Strukturen, überlagernde (überschobene) Strukturen, räumliche Beziehung von Strukturen unterschiedlicher Ordnung.

In die metallogenetische Spezialisierung gehen somit stoffliche Aspekte ein sowie positionelle (nämlich in Abhängigkeit von der konkreten strukturell-tektonischen Position) und temporale (nämlich in Abhängigkeit von der konkreten historischen Entwicklung). Da eine konkrete geologische, durch eine bestimmte stoffliche Zusammensetzung ausgezeichnete Bildung (Gestein, Formation, Lagerstätte) als Produkt einer bestimmten strukturell-tektonischen Position in einer bestimmten geologisch-historischen Situation verstanden werden kann, ist es richtig, die stoffliche Spezialisierung als Funktion der geologisch-tektonischen Spezialisierung und der historischen Entwicklung zu sehen. Stärker abstrahiert heißt dies, daß ein spezielles stoffliches Resultat als Funktion einer speziellen räumlichen Position und einer speziellen historischen Situation zu behandeln ist.

Die Bedeutung der geochemisch-mineralogischen und der tektonisch-strukturellen Spezialisierung als Kriterien für die Voraussage von Lagerstätten ist natürlich nicht gleich. Sie hängt in starkem Maße vom Lagerstättentyp ab, bei endogenen Lagerstätten z. B. von der Entfernung zwischen der Quelle der Elemente und dem Konzentrationsort der Elemente. Je geringer diese Entfernung ist, um so stärker werden die möglichen Elementkonzentrationen von den stofflichen Parametern des gesamten Komplexes reflektiert, da sich die Elementanreicherungen noch im Muttergestein oder in dessen Nähe befinden. Die strukturellen Gegebenheiten des Rahmengesteins spielen dabei nur eine untergeordnete Rolle. Je größer die Entfernung zwischen Quelle und Konzentrationsort ist, um so stärker hängt die Verteilung der Elementkonzentration von den strukturellen Parametern ab, da für ihr Zustandekommen der auf tektonischen Strukturen vor sich gehende Stofftransport ausschlaggebend ist. Das Nebengestein übt auf Grund seiner lithologischen Besonderheiten nur auf die Elementausfällung einen Einfluß aus. Die stofflichen Gegebenheiten der Rahmengesteine haben hier als Kriterium für eine geochemisch-mineralogische Spezialisierung kaum Bedeutung. Die aus der jeweiligen Spezialisierung abzuleitende stoffliche oder strukturelle Kontrolle für die Bildung von Lagerstätten sowie deren Vorrang in Abhängigkeit von der räumlichen Entfernung zwischen Erzquelle und Erzkonzentrationsraum, werden für einige endogene Lagerstättentypen schematisch in Tab. 2 gezeigt.

Die hier getroffenen Darstellungen beziehen sich auf die erzkontrollierende Rolle strukturell-tektonischer Faktoren. In vielen Fällen jedoch ist auch eine strukturelle Kontrolle für die Lokalisierung des Erzmuttergesteins gegeben. So hängt insbesondere die Lokalisierung magmatischer Körper oft von bestimmten räumlichen Strukturen (Antiklinalen, Blockstrukturen usw.)

Tab. 2. Der Vorrang der stofflichen oder strukturellen Kontrolle der Vererzung einiger endogener Lagerstättentypen in Abhängigkeit von der räumlichen Entfernung zwischen Erzquelle und Erzkonzentrationsraum (schematisch)

Lagerstättentyp	Räumliche Ausbildung der Erzkonzentration im Verhältnis zum Magmatit	Räumliche Entfernung der Erzquelle zum Erzkonzentrationsraum	Bildungstemperatur der Erzkonzentration	Syngenetische bzw. epigenetische Komponente der Vererzung	Vorrang der erzkontrollierenden Merkmale im Bildungsraum der Erzkonzentration
Cr, Pt, Ti; Cu–Ni	intramagmatisch	gering	sehr hoch	syngenetisch	vorwiegend stoffliche Kontrolle
Sn, W, Li; Be, Nb, Ta	perimagmatisch	mittel	hoch	syn- bis epigenetisch	stoffliche und strukturelle Kontrolle
Au, Cu; Pb–Zn–Ag	apomagmatisch	groß	mittel	epigenetisch	vorwiegend strukturelle Kontrolle
BiCoNi; $BaSO_4$, CaF_2; Sb, Hg	krypto- bis telemagmatisch	sehr groß	niedrig		

oder von flächenhaften Strukturen (Tiefenstörungen) ab. Im Fall der Untersuchungen zur Metallogenie des Zinns wurden diese als granitkontrollierende Faktoren bezeichnet. Bezogen auf die gesamte magmatische Tätigkeit handelt es sich um magmatitkontrollierende Faktoren schlechthin (FAWORSKAJA, TOMSON u. a. 1969).

Zur metallogenetischen Analyse sedimentärer Komplexe

Gegenüber magmatogenen Bildungen ist die metallogenetische Analyse sedimentärer Komplexe bedeutend schwieriger. Hier wirkt eine Reihe z. T. voneinander unabhängiger Prozesse komplex. So ist die metallogenetische Situation sedimentärer Einheiten von der mineralogisch-geochemischen Spezialisierung der Liefergebiete, der paläogeologischen Entwicklung der Sedimentations- und Abtragungsgebiete, den syn- und postsedimentären endogenen Zufuhren (Magmatismus einschließlich hydrothermaler Bildungen) und den postsedimentären exogen-epigenetischen Beeinflussungen abhängig. Problematisch wird die metallogenetische Analyse sedimentärer Komplexe besonders dann, wenn endogene Lösungen ihren Metallinhalt im Sedimentationsraum an faziellen Fallen ablagern und stratiforme Mineralisationen bilden oder in Komplexen klastischer Sedimentite exogen-epigenetische bzw. endogen-epigenetische Lösungen an Reduktionsfallen ausgefällt werden. Die metallogenetische Spezialisierung der sedimentären Bildungen des varistischen Übergangsstockwerks z. B. wird vor allem durch die Spezialisierung der Abtragungsgebiete und den synsedimentären Vulkanismus bestimmt. Entscheidend ist dabei die Lage der Innensenken zu den metallogenetischen Einheiten der Antiklinalzonen und den Strukturelementen, die den spätvaristischen Vulkanismus kontrollieren.

In Anbetracht der Komplexität exogener Prozesse erscheint es dringend geboten, die lagerstättenbildenden Vorgänge im Rahmen einer differenzierten Analyse zu systematisieren. Stratiforme Sulfidlagerstätten vor allem waren in der Vergangenheit genetisch immer umstritten. Sowohl von den Anhängern der endogen-epigenetischen als auch der exogen-syngenetischen Entstehung dieser Lagerstätten wurden nur wenig differenzierte, meist monogenetische Lagerstättenbildungsmodelle entwikkelt, die mit dem umfangreichen Faktenmaterial aus diesen Lagerstätten nicht in Übereinstimmung zu bringen sind. Bei der Erarbeitung des Systems der metallogenetischen Faktoren ist bei derartigen Lagerstätten deren polygenetischer Charakter zu berücksichtigen.

Bei der regionalen metallogenetischen Analyse zeigt sich, daß in einzelnen Einheiten sowohl geochemisch-mineralogisch spezialisierte Magmatite als auch entsprechend spezialisierte Sedimentite und Metamorphite vorhanden sind. Im Extremfall kann eine solche Spezialisierung die stofflich, genetisch und auch altersmäßig unterschiedlichen Gesteine einer ganzen metallogenetischen Einheit erfassen. Diese Spezialisierung kann Folge einer fortwährenden Vererbung sein. Aus diesem Grunde ist es für eine Prognose erforderlich, die tektonisch-strukturelle und geochemisch-mineralogische Spezialisierung ganzer metallogenetischer Einheiten untereinander zu vergleichen.

Zur Erfassung der spezifischen metallogenetischen Funktion geologischer Parameter

Bei der metallogenetischen Analyse geht es in letzter Konsequenz darum, die spezifische metallogenetische Funktion einer beobachtbaren geologischen Erscheinung zu erkennen, d. h. den Beitrag zu erfassen, den ein konkreter geologischer Parameter für die Bildung von Elementanreicherungen zu leisten imstande war bzw. für die Anzeige von Elementanreicherungen zu leisten imstande ist.

Die metallogenetische Analyse kann sich beispielsweise nicht damit begnügen, den Spurenelementgehalt in Gesteinen oder Mineralen schlechthin zu bestimmen, sondern muß diesen (im Verhältnis zum benachbarten Gesteinskomplex) als Anreicherung oder Verarmung sehen und damit als Kriterium für die potentielle Möglichkeit einer Lagerstättenbildung verwenden.

Die metallogenetische Analyse kann nicht bei der bloßen Feststellung der Ausscheidungsfolge gesteinsbildender Minerale im Intrusivgestein stehenbleiben, sondern muß diese als Funktion der Konzentration leichtflüchtiger Bestandteile im Magma betrachten, die ihrerseits für die Bildung bestimmter postmagmatischer Lagerstätten von außerordentlicher Bedeutung sein kann.

Die metallogenetische Analyse sedimentärer Komplexe darf sich nicht auf die petrographische Beschreibung der potentiell lagerstättenführenden Horizonte beschränken, sondern muß deren Höffigkeit an Hand des Vergleichs der mineralogischen und physikalischen Parameter mit solchen von bereits eingehend untersuchten Lagerstättenhorizonten einschätzen. Beim Antreffen kalkiger oder kohlige Substanzen führender Sedimente muß deren Kapazität zur Eh- und pH-Änderung zirkulierender, ionenführender Oberflächen- und Tiefenwässer erkannt und die Möglichkeit überprüft werden, ob infolge Wertigkeitsänderung oder Änderung im Komplexbildungsvermögen eine Veränderung der Löslichkeit und damit eine exogen-epigenetische Anreicherung bestimmter Elemente entstehen kann. Gleichermaßen ist die Möglichkeit einzuschätzen, inwieweit organische Substanz führende, tonige, tonig-karbonatische oder karbonatische Horizonte im Stadium der Sedimentation oder der Diagenese als fazielle Fallen (Reduktionsbarrieren) für kationenführende Oberflächenwässer oder auch für endogene Lösungen dienen können.

Der metallogenetischen Analyse ist ebenfalls nicht damit gedient, die Raumlage tektonisch-struktureller Elemente, wie Schichtung und Schieferung, ac-Klüftung, Störungen, sowie Teilbarkeit, Klüftigkeit, Porosität schlechthin zu erfassen, sondern sie muß deren Fähigkeit zur Raumschaffung für zirkulierende Lösungen erkennen, die Möglichkeiten zur Spaltenbildung und -öffnung untersuchen und in Betracht ziehen, zu welcher Zeit es zur Raumschaffung kam, da diese, soll sie metallogenetisch von Bedeutung sein, natürlich mit der Stoffabspaltung aus dem Metallotekt etwa synchron verlaufen muß. Gleichzeitig ist zu beachten, daß durch Raumschaffung infolge Druckentlastung u. a. auch der Prozeß der Mineralausfällung in Gang gesetzt werden kann.

Die metallogenetische Analyse darf sich schließlich nicht damit begnügen, an Hand der lithologisch-paläogeographischen Untersuchungen die substantielle und

Tab. 3. Die einzelnen Stufen einer auf die Vorhersage von nutzbaren Rohstoffen gerichteten Erzeugnislinie und ihre Ziele

Art geologisch-metallogenetischer Untersuchungen		Ziel
Vorbereitende geologische (lithologisch-petrographische) Methoden	1. petrographische Analyse	Gesteinsklassifikation
	2. Faziesanalyse	Klärung der paläogeographischen Situation (vorwiegend statische Betrachtungsweise)
	3. Formationsanalyse	Klärung des paläogeologischen Prozesses (vorwiegend dynamische Betrachtungsweise)
Spezielle metallogenetische Methoden	4. Analyse der allgemeinen regionalen metallogenetischen Spezialisierung	Ausarbeitung von allgemeinen Prognosekriterien zur Einschätzung der potentiellen Höffigkeit eines Gebietes an Rohstoffen, die gegenwärtig oder zukünftig volkswirtschaftlich genutzt werden können (= qualitative Prognose)
	5. Analyse des Systems metallogenetischer Faktoren und Indikatoren für einen bestimmten Lagerstättentyp	Ausarbeitung von speziellen Prognosekriterien zur Vorhersage von prognostischen Vorräten der Untergruppen delta 1 und delta 2 (= quantitative Prognose)

morphologische Gliederung eines Sedimentationsraums (Lage der submarinen Schwellen und Tröge, Lage der Uferlinien, Verteilung von Strand-, Schelf- und Tiefseeablagerungen usw.) schlechthin festzustellen, sondern muß die paläogeologische Entwicklung in Verbindung mit dem physikochemischen Milieu des Mediums als wesentlichen Faktor für die Abscheidung einer Reihe volkswirtschaftlich wichtiger Rohstoffe werten.

Die Verbindung vorbereitender geologischer und spezieller metallogenetischer Methoden, die logische Aufeinanderfolge der analytischen Untersuchungen sowie ihr Ziel zeigt schematisch Tab. 3. Die analytischen Arbeiten in der Folge der Stadien 1 bis 5 können als geologische Erzeugnislinie bezeichnet werden. Von außerordentlicher Bedeutung ist, daß in die Arbeitsstadien 4 und 5 zunehmend ökonomische Parameter, d. h. solche, die über die volkswirtschaftliche Verwertbarkeit zu vermutender mineralischer Rohstoffe Aussagen erlauben, einfließen müssen. Die ökonomische Bewertung der Ergebnisse dieser geologischen Erzeugnislinie sollte äquivalent der Behandlung in der produzierenden Industrie erfolgen, d. h. im Prinzip ausschließlich auf das Finalprodukt, das volkswirtschaftlichen Wert besitzt bzw. besitzen soll, bezogen werden.

Die weiteren Aufgaben

Ausgehend vom nationalen Stand und vom internationalen Trend der metallogenetischen Arbeiten kann für die kommenden Jahre als wichtigste Aufgabe die Ausarbeitung metallogenetischer Analysen für regionale Einheiten bei Anwendung fortschrittlicher komplexer Methoden angesehen werden. Das wichtigste Arbeitsprinzip ist der regionale Vergleich. Die wichtigste Aufgabe ist die Erkennung der metallogenetischen Funktion der beobachtbaren geologischen Erscheinungen. Obligatorisches Ziel der regionalen metallogenetischen Analysen sind Aussagen zur Prognose auftretender Elementkonzentrationen.

Zur Durchführung derartiger metallogenetischer Analysen gehören im einzelnen:

1. Feststellung der geochemisch-mineralogischen Spezialisierung der für eine Lagerstättenbildung relevanten magmatischen, sedimentären und metamorphen Komplexe. Von besonderer Bedeutung hierbei ist die Bestimmung regionaler CLARKE-Werte. Diese müssen — und das ist eine Aufgabe für die an den Arbeiten beteiligten Chemiker und Physiker —, absolut gesehen, richtig sein. Mit Hilfe der Kenntnis regionaler CLARKE-Werte wird man in der Lage sein, sowohl Gebiete mit Anreicherungstendenzen in bezug auf ein oder mehrere Elemente als auch solche mit Verarmungstendenzen zu erkennen. Die Kenntnis der regionalen Verteilung von Gebieten bzw. der Prozesse mit der einen oder der anderen Tendenz ist wichtig, weil dies zum Verständnis des Gesamtsystems der Lagerstättenbildung beiträgt. Es ist einleuchtend, daß bei ausschließlicher Untersuchung der Lagerstätte als eines Ortes mit Anreicherungstendenz nur eine Seite des lagerstättenbildenden Prozesses erfaßt wird und der gesamte lagerstättenbildende Vorgang, der, notwendigerweise und großräumig gesehen, aus Verarmung und Anreicherung bestehen muß, nicht im Zusammenhang verstanden werden kann.

Von besonderer Bedeutung für die geochemisch-mineralogische Spezialisierung ist die Erfassung des physikochemischen Milieus bestimmter metallogenetischer Einheiten bzw. ihrer Teile sowie die Feststellung ihres primären oder aufgelagerten Charakters. Dies deshalb, weil das physikochemische Milieu, d. h. Redox- und pH-Zustand, für die Migrations- und Ausfällungsbedingungen einer Reihe von lagerstättenökonomisch wichtigen Elementen, wie Fe, Mn, Cu, U, Se, Mo, V, von ausschlaggebender Bedeutung ist.

2. Feststellung der tektonisch-strukturellen Spezialisierung der für die Lokalisation bestimmter Gesteins- und Lagerstättenkörper wichtigen tektonisch-strukturellen Elemente. Grundlage dieser Arbeiten muß eine Klassifizierung dieser Elemente im Hinblick auf ihre metallogenetische Funktion sein. Diese sich im wesentlichen auf eine Vererzungskontrolle beziehende Funktion kann einerseits die Erzzuführung und die regionale Erzverteilung betreffen (Becken-, Mulden- und Sattelbau, Kuppelstrukturen, Lineamente, Tiefenbrüche u. a.), andererseits auch die Erzkonzentrierung und die lokale Erzverteilung (Schieferung und Schichtung, Kluftgefüge, b-Lineation u. a.).

3. Anwendung der Prinzipien der Fazies- und der Formationsanalyse als wichtigste Methoden

zum Erkennen der wesentlichen Zusammenhänge des zu untersuchenden Gesteinsverbandes. Bei den Arbeiten ist davon auszugehen, daß auch Erzanreicherungen entweder Formationen oder Teile von Formationen darstellen und deren Bildungsgesetzmäßigkeiten somit aus den Verbandsverhältnissen der übergeordneten Einheit abgeleitet werden können.

4. Ausarbeitung von Systemen der metallogenetischen Faktoren und Indikatoren — auf der Basis des für endogene Zinnlagerstätten vorgelegten — für alle volkswirtschaftlich wichtigen Lagerstättentypen. Die Analyse der für die einzelnen Lagerstättentypen kritischen Faktoren und Indikatoren gestattet das sichere Erkennen des betreffenden Metallotekts. Sie ist die Grundlage für eine wissenschaftlich fundierte Lagerstättenprognose.

5. Erfassung und z. T. Modellierung der wichtigsten Parameter des physikochemischen Regimes erzzuführender Lösungen für die volkswirtschaftlich auch in Zukunft bedeutenden Lagerstättentypen. Hierbei gilt es, sowohl die Gesetzmäßigkeiten der Elementmigration als auch die der Elementpräzipitation zu erkennen, um auf dieser Grundlage die für eine Lagerstättenbildung in Frage kommenden faziellen, lithologischen und tektonischen Fallen vorauszubestimmen.

6. Anfertigung von metallogenetischen Karten auf der Grundlage der Darstellung der für eine geologisch-tektonische Einheit bzw. einen Mineralisationstyp wesentlichen Faktoren und Indikatoren. Die Darstellung der Faktoren und Indikatoren bedeutet nicht etwa eine Beschränkung des Informationsgehalts der Karten, sondern orientiert auf die kartenmäßige Fixierung und Interpretation der für eine Lagerstättenbildung wirklich relevanten geologisch-tektonisch-geochemischen Elemente.

7. Aufstellung von Modellen für die Einschätzung der Höffigkeit von Gebieten, d. h. für die qualitative Prognose, auf der Grundlage der nachgewiesenen metallogenetischen Faktoren und Indikatoren. Diese Modelle müssen die Basis für eine Transformierung metallogenetischer Fakten in ökonomische Aussagen auf mathematisch-statistischem Wege sein. Ziel ist die Umwandlung der gegenwärtig noch subjektiven Bewertung in eine bis zu einem hohen Grade objektive.

Literatur

FAWORSKAJA, M. A., I. N. TOMSON u. a.: Das Verhältnis von Magmatismus und endogener Metallogenie zur Blocktektonik. — Isd. nedra, Moskau 1969.

STSCHEGLOW, A. D.: Metallogenie der Gebiete mit autonomer Aktivierung. — Isd. nedra, Leningrad 1968.

TISCHENDORF, G.: Das System metallogenetischer Faktoren und Indikatoren bei der Prognose und Suche endogener Zinnlagerstätten. — Z. angew. Geol., **14**, 393—405, Berlin 1968.

TISCHENDORF, G., BOLDUAN u. a.: Zur Metallogenie und Prognose des Zinns im Erzgebirge. — Bericht Geol. Forsch. u. Erkdg. Halle, Betriebsteil Freiberg 1969.

TISCHENDORF, G., S. LÄCHELT & J. RENTZSCH: Zu Problemen der Metallogenie in der Deutschen Demokratischen Republik, I. Die metallogenetische Rayonierung des Territoriums der DDR. — Z. angew. Geol., **15**, 455—472, Berlin 1969.

P. J. SUVEIZDIS

Zur Entwicklung des terrigenen Unterperms im südlichen Baltikum[1]

(Referiert von FOLKWART WENDLAND, Berlin)

Vorbemerkung

Auf Grund des unmittelbaren thematischen Zusammenhangs mit dem Referat von W. JUNG (Z. angew. Geol., **14**, 1968, 1), das den Zechstein im südlichen Baltikum behandelte, und der großen KW-perspektivischen Bedeutung des sedimentären Rotliegenden von Mitteleuropa erscheint es angebracht, den Inhalt dieser Arbeit ausführlich darzustellen.

Allgemeines

An der Nordwestflanke des Belorussisch-Masurischen Massivs bzw. am Südrand der Polnisch-Litauischen Syneklise, also auf der Osteuropäischen Tafel, ist in einer schmalen E—W streichenden Senke unter dem lagunärmarinen Zechstein in etwa 20 Bohrungen (Abb. 1 bis 4) ein geringmächtiger grobklastischer Komplex mit einer mittleren Mächtigkeit von 25 m erbohrt worden, der auch im angrenzenden Bereich der VR Polen durch mehrere Bohrungen nachgewiesen ist. Er liegt winkel- und stratigraphisch diskordant auf Kambrium, Ordovizium oder Silur (Abb. 1 und 4). Die stratigraphische Einstufung ist infolge fehlender Fossilien noch umstritten. Sowohl der Autor als auch die polnischen Bearbeiter stellen diese Serie ins Unterperm (Analogon des mitteleuropäischen Rotliegenden nach struktureller Stellung und Stoffinhalt), während andere Autoren sie als litorales Silur-Ordovizium (PASCHKEWITSCHJUS) oder als Permo-Devon (TYSKI 1962) deuten.

Der Komplex ist im östlichen Teil des Untersuchungsgebiets nur noch 1 m mächtig und keilt dort aus, während er in westlicher Richtung seine maximale Mächtigkeit von 53,50 m erreicht (Abb. 1).

Die bisherigen lithologischen Untersuchungen des Präzechsteinkomplexes zeitigten folgende Ergebnisse:

1. Das vorwiegend klastische Material ist wenig sortiert.

2. Es sind drei Sedimentationsrhythmen zu erkennen, wobei in jedem Rhythmus die Korngrößen vom Liegenden zum Hangenden abnehmen.

3. Der Karbonatgehalt dieser Sedimentgesteine schwankt.

---

[1]) Der Originaltitel lautet: Zum Altersproblem des fossilleeren terrigenen Präzechsteinkomplexes des südlichen Baltikums. — In: Geologie und Erdölführung des Paläozoikums des südlichen Baltikums, S. 84—91, 4 Abb., ohne Literaturangaben, Wilnjus (1965) (russ.).

Eingang des Manuskripts in der Redaktion: 20. 1. 1970.

Zeitschrift für angewandte Geologie, Bd. 16 (1970), Heft 5

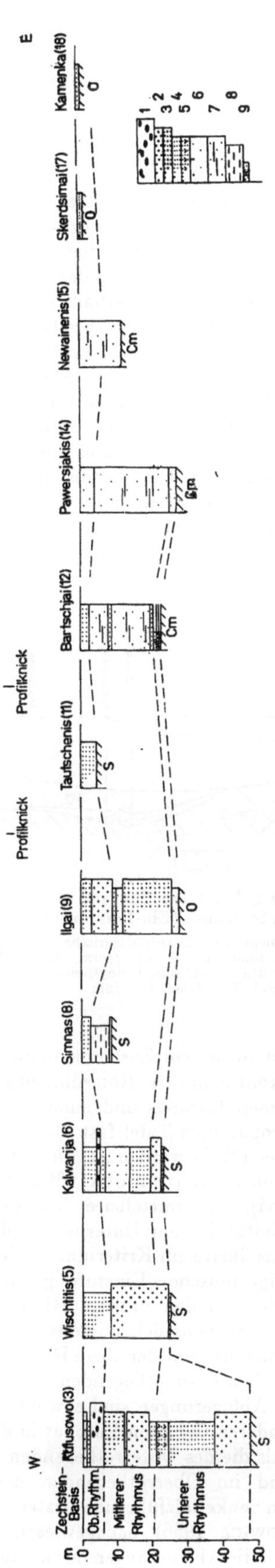

Abb. 1. Bohrprofile des terrigenen Unterperms

1 – Konglomerat; 2 – Kies; 3 – Kies, sandig; 4 – Sandstein; 5 – Sandstein mit Effusivmaterial; 6 – Sand; 7 – Sand, schluffig; 8 – Schluff; 9 – sandige Karbonatgesteine; Cm – Kambrium; O – Ordovizium; S – Silur

Bohrungsverzeichnis: 1 Bartoszyce (VR Polen), 2 Majakowskoje, 3 – Kutusowo, 4 – Goldap, 5 – Wischtitis, 6 – Kalwarija, 7 – Schlinokijeme, 8 – Simnas, 9 – Ilgai, 10 – Pjarloja, 11 – Tautschenis, 12 – Bartschjai, 13 – Dargushjai, 14 – Pawersjakis, 15 – Newainenis, 16 – Pakrempe, 17 – Skerdsimai, 18 – Kamenka

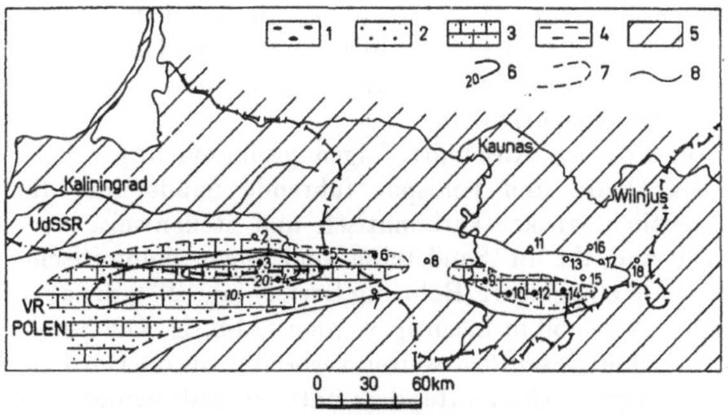

Abb. 2. Lithologisch-paläogeographische Karte des Unterperms im südlichen Baltikum; unterer Rhythmus

1 – Konglomerat; 2 – Kies; 3 – Sandstein; 4 – Schluff; 5 – Denudationsgebiete; 6 – Isopachen; 7 – Ausstrich (O-m-Isopache); 8 – Faziesgrenzen

4. Aus der Faziesverteilung und dem Stoffbestand der einzelnen Sedimentationsrhythmen läßt sich als Abtragungs- bzw. Liefergebiet das präkambrische Belorussisch-Masurische Kristallinmassiv (Pissker Vorsprung) ableiten. Aber auch von Osten und Norden her wurde Abtragungsschutt des umgebenden Altpaläozoikums in den Sedimentationsraum transportiert (Abb. 2 und 3).

Schichtenaufbau

Im folgenden soll der Aufbau der drei nachgewiesenen Sedimentationsrhythmen behandelt werden.

Unterer Rhythmus (Abb. 1 und 2)

Der untere Rhythmus läßt nach SUVEIZDIS eine Dreiteilung erkennen.

Der untere Abschnitt besteht im Liegenden aus grauen, im Hangenden rosagrauen sandigen Kiesen (Graveliten), die auch kleine Gerölle führen. Die Kiese setzen sich aus Feldspäten, Quarz, Bruchstücken von Eruptiv-, Kiesel- und Karbonatgesteinen zusammen. Die 11,50 m mächtigen Kiese weisen ein karbonatisches Bindemittel auf; im Liegenden besteht es aus Gips bzw. ist karbonatisch-tonig.

Der mittlere Abschnitt wird von grobkörnigen und geröllführenden grauen und graubraunen Sandsteinen gebildet, in denen Bruchstücke von Quarz und kaolini-

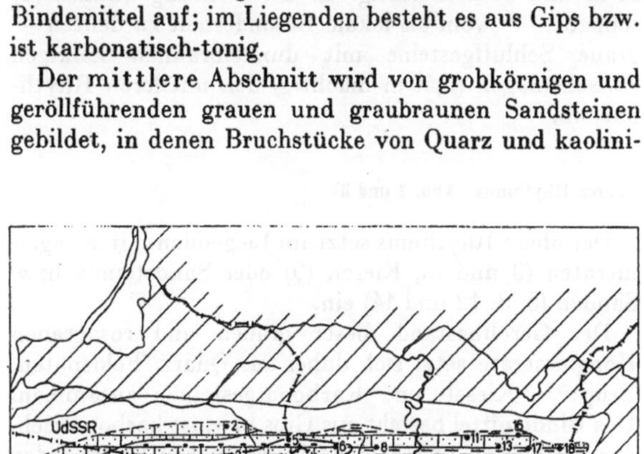

Abb. 3. Lithologisch-paläogeographische Karte des Unterperms im südlichen Baltikum; mittlerer und oberer Rhythmus

1 – Konglomerat; 2 – Kies; 3 – Sandstein; 4 – Schluff; 5 – Denudationsgebiete; 6 – Isopachen; 7 – Ausstrich (O-m-Isopache); 8 – Faziesgrenzen

sierten Feldspäten vorherrschen sowie Bruchstücke von Effusiva und anderen Eruptiva auftreten. Das Bindemittel ist eisenschüssig-karbonatisch. Die Sandsteine sind 19 m mächtig (Abb. 1).

Im oberen Abschnitt folgen geringmächtige, hellgraue Quarz und Feldspat führende Sandsteine, die wesentlich stärker karbonatisch und stellenweise vergipst sind. In die Sandsteine sind sogar dolomitische Gesteine eingelagert (Bohrung Bartschjai, 12)[2]), die aber nicht über 2,50 m mächtig werden (Abb. 1). Die Sandsteine sind wesentlich weiter verbreitet als die Gesteine der übrigen Abschnitte des unteren Sedimentationsrhythmus.

Mittlerer Rhythmus (Abb. 1 und 3)

Der Liegendabschnitt besteht aus sandigen Kiesen oder Sandsteinen unterschiedlicher Körnung mit Geröllen. Die Kiese setzen sich hauptsächlich aus vorwiegend rosa- und grüngrau gefärbten Bruchstücken von Quarz und Feldspäten (Arkosen) zusammen. Für die sandige Ausbildung sind dunkelbraune Farben charakteristischer; zu beobachten sind aber auch violett gefärbte Lagen. Die Sandsteine und Sande sind mitunter erheblich kaolinisiert. Das Gesteinsbindemittel ist tonig—eisenhaltig—karbonatisch. Der Liegendabschnitt des mittleren Rhythmus wird etwa 5—8 m mächtig.

In der Bohrung Kutusowo (3) wurde im Liegendabschnitt eine Kalklage von 0,20 m nachgewiesen. Die feinkörnigen, grauen Kalke sind vergipst und führen kiesgroße Quarz-, Feldspat- und Kiesel-Bruchstücke.

Darüber folgen Sandsteine bzw. Sande, die im Kaliningrader Gebiet kiesig sind und in Südlitauen tonige Zwischenlagen führen. In den rotbraunen, grau gefleckten kiesigen Sandsteinen, die nach SUVEIZDIS typische Arkosen darstellen, ist das Bindemittel eisenhaltig—karbonatisch. Die Mächtigkeit des mittleren Abschnittes beträgt ungefähr 8 m.

Der mittlere Rhythmus ist im allgemeinen zwischen 17 m und 21 m mächtig. In der Bohrung Simnas (8) schließen — wohl als lokale Besonderheit zu deuten — graue Schluffgesteine mit dunkelbraunen kalkigen Zwischenlagen (6,50 m mächtig) den mittleren Rhythmus ab.

Oberer Rhythmus (Abb. 1 und 3)

Der obere Rhythmus setzt im Liegenden mit Konglomeraten (3 und 6), Kiesen (9) oder Sandsteinen bzw. Sanden (5, 8, 12 und 14) ein.

Der Geröllbestand dieser grauen und rosagrauen Konglomerate setzt sich dabei aus Quarz, Feldspäten, Eruptiv-, Kiesel- und Karbonatgesteinen zusammen. Das Bindemittel besteht aus Gips bzw. ist karbonatisch. Die aus Quarz- und Feldspatbruchstücken bestehenden braunen und grüngrauen Kiese enthalten auch einen sandigen Anteil und geröllartige Einschlüsse, ihr Bindemittel ist eisenschüssig—karbonatisch. Die dunkelbraunen und grau gefleckten Arkosesandsteine bzw. Sande sind unterschiedlich gekörnt. Das Bindemittel ist tonig—karbonatisch. Zum Hangenden des oberen Rhythmus werden die Sandsteine feinkörniger. Der obere Abschnitt des oberen Rhythmus ist fast überall hellgrauer gefärbt als der untere und gelb gefleckt.

Die Mächtigkeiten des oberen Rhythmus betragen recht konstant 2,50 bis 9 m.

[2]) Die Zahl hinter den zitierten Bohrungen und Gesteinen verweist auf die Lage der Bohrungen in den Abb. 1 bis 4.

Paläogeographie

Eine paläotektonische Analyse hatte schon früher gezeigt, daß im höheren Karbon das gesamte südliche Baltikum herausgehoben und denudiert worden ist. Dadurch wurden kristalline Gesteine des Pissker Vorsprunges sowie an dessen Nordwestflanke Kambrium, Ordovizium und Silur freiglegt. Die Oberfläche des Altpaläozoikums stellte seinerzeit ein schichtstufenartiges Erosionsrelief dar, dessen Erhebungen in der Polnisch-Litauischen Syneklise von Ost nach West orientiert waren. Parallel zum Pissker Vorsprung lag zwischen diesen Erhebungen eine schmale und langgestreckte Senke, in die während des Unterperms aus den umgebenden, herausgehobenen Denudationsgebieten grobklastisches Material geschüttet wurde.

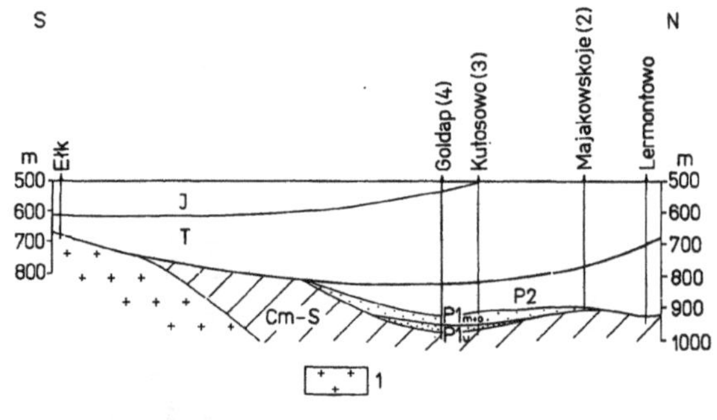

Abb. 4. Geologischer Schnitt am Südrand der Polnisch-Litauischen Syncklise (Ełk-Lermontowo)

1 — Kristallines Fundament (Belorussisch-Masurisches Massiv); Cm-S — Kambrium, Ordovizium, Silur; P1u — Unterperm, unterer Rhythmus; P1 m, o — Unterperm, mittlerer und oberer Rhythmus; P2 — Oberperm (Zechstein); T — Trias; J — Jura

SUVEIZDIS betont in diesem Zusammenhang, daß die Ablagerung der kontinentalen Rotsedimente in den variszischen Orogenen Europas und auch auf der angrenzenden Osteuropäischen Tafel fast überall von der saalischen Phase beeinflußt worden ist, die mit vulkanischer Aktivität einhergeht (GIGNOUX 1962, MILEWICZ 1961, LAPKIN 1964). Der mittelbare Nachweis einer vulkanischen Aktivität in den Unterpermprofilen des südlichen Baltikums dürfte ein Kriterium für deren vorläufige lithostratigraphische Einstufung darstellen. SUVEIZDIS stellt deshalb den unteren Rhythmus mit seinen Eruptivgesteinsbruchstücken in das obere Unterrotliegende. Der mittlere und der obere Rhythmus entsprächen demnach dem Oberrotliegenden.

Oberrotliegende Ablagerungen sind sowohl im Baltikum als auch in anderen Gebieten Europas in der Regel weiter verbreitet als die des Unterrotliegenden (LAPKIN 1964). Ferner sind im Oberrotliegenden der Norddeutsch-Polnischen Senke salzführende Gesteine (KSIASKEWICZ & SAMSONOWICZ 1956) nachgewiesen worden. Im Baltikum zeigen die Ablagerungen des mittleren und oberen Rhythmus SUVEIZDIS' ebenfalls Anklänge an lagunäre Verhältnisse, wie z. B. geringmächtige Einschaltungen von sandigen Karbonatgesteinen sowie das Vorkommen von Gips im Gesteinsbindemittel zeigen.

Nachbemerkungen

Die Untersuchungen von SUVEIZDIS über das Vorkommen, den Aufbau und die Verbreitung von Rotliegendsedimenten unterhalb des Zechsteins in einer Spezialsenke auf der Osteuropäischen Tafel, die aus regionalen und strukturellen Gesichtspunkten zum Rotliegenden gestellt werden, beanspruchen für Vergleiche mit den mitteleuropäischen Rotliegendvorkommen besondere Beachtung, da sich in der Regel die Sedimentationsrhythmik an den Beckenrändern stärker als in den beckenzentralen extraorogenen Sedimentationsgebieten des Unterperms ausprägt und damit die strukturelle Stellung der Molassesedimente im Vorland der Varisziden (z. B. der Norddeutsch-Polnischen Senke) klar zu erkennen gibt. Die lineare Abhängigkeit der Sedimentation am Nordrand des Belorussisch-Masurischen Kristallinmassivs steht offensichtlich mit Spezialtrogbildungen in ursächlichem Zusammenhang.

Die Isotopenzusammensetzung des Urans und der Aktiniumgehalt von Mineralen und natürlichen Wässern

N. B. KADYROW, E. A. ISSABAJEW, U. H. ASSYLBAJEW, A. H. ABILDAJEW & W. W. TSCHERDYNZEW

In diesem Beitrag untersuchen die Verf. als Fortsetzung der Arbeiten von TSCHERDYNZEW, ORLOW u.a (1961) und von TSCHERDYNZEW, ASSYLBAJEW u. a. (1961) die Verhältnisse von $^{234}U/^{238}U$, $^{235}U/^{238}U$ und $^{227}Ac/^{226}Ra$ in einigen natürlichen Mineralen und Wässern. Das Uran wurde nach der von TSCHERDYNZEW, ORLOW u. a. (1961) angewandten Methode elektrolytisch auf Scheiben aus nichtrostendem Stahl abgeschieden. Die Untersuchung des Isotopenverhältnisses $^{234}U/^{238}U$ erfolgte am Ionisations-α-Spektrometer, die von $^{235}U/^{238}U$ neutronometrisch durch Bestrahlung der Präparate im Neutronenstrom einer Polonium-Beryllium-Quelle nach TSCHERDYNZEW, ORLOW u. a. (1961) oder des Reaktors WWR-S im Institut für Kernphysik der Akademie der Wissenschaften der Usbekischen SSR (ISSABAJEW u. a. 1968). Das Verhältnis Ac/Ra wurde nach dem Gehalt von Radon und Aktinon berechnet. Letzteres wurde nach der Anzahl der koinzidierenden Zerfälle von An + AcA gemessen (TSCHERDYNZEW, ASSYLBAJEW u. a. 1961). Besondere Aufmerksamkeit wurde der Fremdaktivität im Energiebereich von 4,4 bis 4,6 MeV gewidmet, die aller Wahrscheinlichkeit nach von den Transuranisotopen (TSCHERDYNZEW, ORLOW u. a. 1961; TSCHERDYNZEW, MICHAILOW 1963; CHERRY u. a. 1964) herrührt, die sich bei der von uns angewandten Abscheidungsmethode in einigen Fällen zusammen mit Uran niederschlagen können.

Aus: „Geochimija", H. 4, S. 492–494 (1968).
Übers.: P. FLEISCHHAUER, Gera, und R. WASKOWIAK, Zwickau

Tab.: Das Verhältnis von Uranisotopen, Ac/Ra und Th/U in einigen Mineralen und natürlichen Wässern

Bezeichnung der Probe	$^{234}U/^{238}U$ Einh. Aktivität	$^{235}U/^{238}U$	Ac/Ra Äquiv.-Einheit	Th/U Gew.-Einheit
Sulfide				
Molybdänit, Arm. SSR, Kaler	0,98 ± 0,01	1,00 ± 0,01	0,99 ± 0,03	0,04
Molybdänit, Arm. SSR, Kaler	0,88 ± 0,02	–	–	–
Molybdänit, Arm. SSR, Kartschawan	0,90 ± 0,01	1,00 ± 0,01	~2	0,9
Molybdänit, Arm. SSR, Litschk	–	–	1,23 ± 0,06	1,9
Pyrit, Arm. SSR, Kaler	0,80 ± 0,03	1,00 ± 0,03	1,22 ± 0,10	0,11
Chalkopyrit, Arm. SSR, Kartschawan	1,00 ± 0,01	1,00 ± 0,02	1,3 ± 0,2	<0,07
Chalkopyrit, Tadsh. SSR	0,99 ± 0,02	0,98 ± 0,03	–	–
Oxide				
Magnetit, Arm. SSR, Keipaschin	0,97 ± 0,03	1,00 ± 0,03	1,5 ± 0,1	25
Magnetit, Arm. SSR, Kaler	0,96 ± 0,01	–	1,5 ± 0,2	3,1
Magnetit, Kas. SSR, Karashal	1,4 ± 0,1	–	–	–
Hamätit, Arm. SSR, Kaler	1,16 ± 0,01	0,99 ± 0,08	–	–
Limonit, Arm. SSR, Kaler	0,98 ± 0,03	–	2,4 ± 0,4	–
Kalzit, Arm. SSR, Kaler	0,94 ± 0,01	–	0,99 ± 0,09	2,8
Minerale der SE				
Orthit	0,99 ± 0,01	0,99 ± 0,01	1,0 ± 0,1	21
Prawdit	1,00 ± 0,01	1,02 ± 0,02	<0,8	30
Wässer aus Graniten in Kasachstan				
Probe 1	2,6 ± 0,1	0,99 ± 0,02	–	–
Probe 2	3,5 ± 0,2	1,01 ± 0,02	–	–
Probe 3	2,06 ± 0,07	–	–	–

Massenspektrometrische Untersuchungen des Urans in Uranmineralen von Hamer und Robbins (1960) ergaben keine größeren Schwankungen des $^{235}U/^{238}U$-Verhältnisses als 0,05%. Die umfangreichen Untersuchungen von Dooley u. a. (1966) bestätigten die Beständigkeit im Bereich von 0,5%. Gleichzeitig erkannten Gills, L. Smith und auch R. Smith (zitiert in Thurber 1963) eine Variation von ^{235}U in Uranerzen im Bereich von 0,06 bis 0,1%. Die Verf. untersuchten (siehe Tabelle) Minerale der Sulfid- und Oxidgruppe mit niedrigem Urangehalt ($\sim 10^{-6}$ g/g). ^{235}U bleibt unter Berücksichtigung des experimentellen Fehlers, der in einer Reihe von Fällen 1% nicht überstieg, im Bereich des üblichen Gehaltes. Schwankungen des $^{234}U/^{238}U$-Verhältnisses konnten in vielen Mineralen festgestellt werden. Die aktivsten Varietäten (Molybdänite) kommen als Quellen des beweglichen Urans eines gegebenen Erzkörpers in Betracht und belegen ein Defizit an ^{234}U, während in den niedrig aktiven Mineralen bewegliches Uran mit einem ^{234}U-Überschuß angereichert ist. Ein erhöhtes Ac/Ra-Verhältnis wurde in Übereinstimmung mit Tscherdynzew, Assylbajew u. a. (1961) in einer Reihe von Mineralen angetroffen, jedoch besteht zwischen den Relativgehalten von Ac und ^{234}U kein einfacher Zusammenhang.

Die Wässer in den Granitintrusionen von Kasachstan weisen ein hohes (bis 3,5) $^{234}U/^{238}U$-Verhältnis auf (vgl. Tscherdynzew und Assylbajew u. a. 1960).

In den Proben Nr. 2 und 3 trat eine Fremdaktivität der Uranpräparate im Energiebereich von 4,4 — 4,6 MeV auf, die nur mit der Aktivität von ^{235}U vergleichbar ist. Die gute Qualität der Präparate (Übereinstimmung der Konturen der Uranlinien auf den α-Spektrogrammen des Präparates und des Etalons) berechtigt dazu, die Anwesenheit von Transuranisotopen anzunehmen.

Literatur

Cherry, R., K. Richardson & J. Adams: Unidentified excess alpha activity in the 4,4 Mev region in natural thorium samples. — Nature, 202 (1964).

Dooley, J., H. Granger & J. Rosholt: U 234 fraction on the sandstone type Uranium deposits. — Econ. Geol., **61** (1966).

Hamer, A., & E. Robbins: A search for variations in the natural abundance of 235 U. — Geochim. et cosmochim. acta, 19 (1960).

Issabajew, Je. A., Je. M. Lobanow & A. Ch. Abildajew: Opredelenije isotopnogo sostawa urana w prirodnych mineralach po stschetu oskolkow delenija. — Isw. AN Usb. SSR (1968).

Thurber, D.: Natural variation in the ratio $^{234}U/^{238}U$. — D. Phil. Diss. Columbia University, USA (1963).

Tscherdynzew, W. W., U. Ch. Assylbajew, D. P. Orlow, L. I. Schmonin, Je. A. Issabajew & H. B. Kadyrow: Aktinij-radijewoe otnoschenije mineralow. — Geochimija, Nr. 8 (1961).

Tscherdynzew, W. W., D. P. Orlow, Je. A. Issabajew & W. I. Iwanow: Isotopnyi sostaw urana mineralow. — Geochimija, Nr. 10 (1961).

Gegenwart und Zukunft der Petrologie

E. K. Ustijew, UdSSR

Ein Überblick über diesen Fragenkomplex muß mit der Definition der Begriffe beginnen. Die erste historisch entstandene Bezeichnung der Wissenschaft von den Gesteinen lautete „Petrographie". Später wurde sie, besonders unmittelbar nach den Erfolgen der experimentellen und theoretischen Petrographie, immer häufiger als „Petrologie" bezeichnet. Einer der Begründer der Petrographie im Weltmaßstab und der Petrographie der Sowjetunion, F. Ju. Levinson-Lessing, nannte seine Wissenschaft Petrographie; manchmal gebrauchte er übrigens auch die Doppelbezeichnung Petrographie-Petrologie (1923). Weniger Toleranz in dieser Frage zeigte einer seiner besten Schüler — D. S. Beljankin. In der Diskussion zu diesem Thema bemerkt er, daß das Wort „Petrologie" prätentiös ist und daß der Begriff „Petrographie" die gesamte Problematik der Wissenschaft über die Gesteine umfaßt (1944). Wenn diese Auffassung auch für die damalige Zeit gerechtfertigt war, so haben jedoch die vergangenen 25 Jahre dieses Jahrhunderts die Situation wesentlich verändert. Die ehemals einheitliche Petrographie hat so stark an Breite zugenommen und sich in die Tiefe differenziert, daß an ihrer Stelle eine ganze Reihe völlig selbständiger Wissenschaften entstanden ist. Diese Wissenschaften befassen sich mit verschiedenen Aspekten der Gesteinslehre, wenden verschiedene Untersuchungsmethodiken an und benutzen eine unterschiedliche Terminologie und Nomenklatur. Davon ist vor allem die sich vollkommen selbständig entwickelnde Petrographie (im echten Sinne dieses Terminus) der magmatischen, sedimentären, metamorphen und künstlichen Gesteine zu nennen. Daraus ist zu schlußfolgern, daß auch die Mineralogie und Kristalloptik der gesteinsbildenden Minerale selbständig sind. Eine stark individualisierte Disziplin bildete die Petrochemie, in der sich die regionale Petrochemie deutlich absondert und die Isotopenpetrochemie oder Petrochronologie bereits selbständig geworden sind. Die Gesetzmäßigkeit von der Abtrennung der schnell wachsenden Petrophysik mit einer wichtigen Abteilung — der regionalen Petrophysik — unterliegt keinem Zweifel. Die physikochemische und experimentelle Petrographie sowie die Petrotektonik und schließlich die Petrogeologie mit ihren Abteilungen, die sich auch auf die geologischen Bedingungen der Verbreitung und Genese der magmatischen, metamorphen und sedimentären Gesteine beziehen, haben längst den Status unabhängiger Disziplinen erlangt.

Bereits diese einfache Aufzählung genügt, um zu erkennen, daß die breit ausgedehnte Reihe der Wissenschaften von den Gesteinen nicht in den Rahmen der klassischen Petrographie paßt und daß ein umfangreicherer Begriff erforderlich ist, wie er auch in dem seit langem bestehenden Terminus „Petrologie" vorliegt. Es ist jedoch natürlich, daß die Petrographie aus historischen Gründen und ihrer Bedeutung nach unter den petrologischen Wissenschaften trotzdem führend ist. Deshalb muß ein weiterer Überblick über den derzeitigen Stand und die weitere Entwicklung der Petrologie der magmatischen Gesteine gerade bei der Petrographie beginnen.

Die Grundlage der Petrographie sind faktisch die Gesteine, die gegenwärtig einige Dutzend Familien, Hunderte von Arten und Tausende von Abarten zählen. Welche Perspektiven besitzt die weitere Entwicklung in der Erforschung dieser Grundlage, und ist eine Evolution der gegenwärtigen Systematik der magmatischen Gesteine möglich? Natürlich ist die Richtung einer solchen Evolution vollkommen klar.

Eine der größten Errungenschaften der modernen Petrographie ist die Feststellung der Heterogenität aller Eruptivgesteine. Das bedeutet, daß infolge des konvergenten Charakters der gesteinsbildenden Prozesse die Gesteine einer ähnlichen oder sogar gleichen mineralischen und chemischen Zusammensetzung eine verschiedene Genese haben. So wissen wir bereits, daß die auf den Kontinenten am meisten verbreitete „Familie der Granite" tatsächlich ein sehr komplizierter Komplex heterogener Gesteine ist, die nach Orthograniten, Paragraniten, Metagraniten unterschieden werden

Aus: Isw. AN SSSR, ser. geol., 12, 9, 19—25 (1969).
Übers.: L. Lindner, Berlin

müssen sowie nach Graniten, die durch die Evolution des sauren, untermediären, basischen, alkalischen und sogar ultrabasischen Magmas entstanden sind. Unsere Kenntnisse gehen jedoch vorerst noch nicht über die Feststellung einiger geologischer und petrographischer Merkmale hinaus, die alle diese verschiedenartigen Granite auszeichnen.

Aber wir verfügen noch nicht über alle Kriterien, mit deren Hilfe es möglich wäre, den Komplex der genetischen und physiographischen Unterschiede zu bestimmen und auf dieser Grundlage eine neue Systematik und Nomenklatur der aufgezählten Granitoidfamilien auszuarbeiten.

Eine ähnliche Aufgabe charakterisiert den Weg der weiteren Entwicklung nicht nur der Petrographie der Granitoide, sondern auch der Petrographie aller anderen Gesteine plutonischer und vulkanischer Entstehung. Die Heterogenität der Diorite, der Gabbros, der Syenite, der Peridotite und der Dunite wird jetzt bereits mit der gleichen Klarheit festgestellt wie auch die Heterogenität der Granite. Die nachgewiesene Notwendigkeit der Gliederung der Basaltfamilie in Tholeyit, Alkaliolivin und tonerdereiche Basalttypen ist der Beginn eines analogen Übergangs der Petrographie von physiographischen zu genetischen Prinzipien der Systematisierung der Effusiva. Zweifellos haben auch Andesite und Liparite eine unterschiedliche Genese, obwohl der Grad der Heterogenität hier bedeutend geringer ist als bei ihren plutonischen Äquivalenten. An die verschiedenen geologischen Situationen und die verschiedenen Formationstypen sind auch Effusiva der Trachyt-Phonolith-Familie und anderer Familien gebunden, die vorläufig noch nicht gegliedert werden können. All diese Besonderheiten der gegenwärtigen Lage in der Systematik und Nomenklatur der Eruptivgesteine zeigen deutlich die Richtung an, in der sich die magmatische Petrographie in nächster Zukunft weiterentwickeln wird.

Daneben ist deutlich geworden, daß eine kritische Überprüfung der Klassifikation und der Nomenklatur der einzelnen Familien und Arten von Gesteinen sowie einiger Formationen, besonders derjenigen effusiven Ursprungs, erforderlich ist. Eine ähnliche Überprüfung ist zum Beispiel für die Albitophyre und Keratophyre sowie für die gesamte Spilit-Keratophyr-Formation zu erwarten. Diese Evolution wird in der Folgezeit zweifellos auch die Nomenklatur aller vulkanischen Gesteine erfassen, wo eine Loslösung von vielen veralteten Prinzipien und Bezeichnungen besonders nötig ist. In erster Linie trifft das auf die doppelte Nomenklatur der känotypen und paläotypen Effusiva („Andesit"—„Porphyrit") zu, die den rezenten geologischen, petrographischen und physikalisch-chemischen Kriterien widersprechen (USTIJEW 1967) und ein Überbleibsel aus der Zeit darstellt, da in der Petrographie noch keine mikroskopischen Untersuchungen durchgeführt wurden (SAWARIZKIJ 1955).

Im Bereich der Mineralogie und Optik der gesteinsbildenden Minerale bestehen kaum Zweifel darüber, daß für lange Zeit eine genial-einfache Erfindung menschlicher Findigkeit die Grundlage für die Untersuchungstechnik bleiben wird — das Polarisationsmikroskop und alle dazugehörigen Geräte für die Arbeit im sichtbaren Bereich des Spektrums (Refraktometer, Goniometer, Photometer, FEDOROW-Tisch usw.). Gleichzeitig werden sich alle Methoden und Geräte für Untersuchungen außerhalb des Bereichs der sichtbaren Strahlung zweifellos schnell weiterentwickeln. Die Elektronen-, Röntgen-, Infrarot-Mikroskopie und Spektroskopie, die Methoden der Kern- und Magnetresonanz — all diese Methoden der Untersuchung eines kristallinen Stoffes, die gegenwärtig nur einigen Spezialisten und gut ausgestatteten Laboratorien möglich sind, müssen in naher Zukunft in den alltäglichen Gebrauch bei wissenschaftlichen Untersuchungen eingehen. Dementsprechend kann man annehmen, daß ein Dünnschliff oder das Pulver eines Gesteins oder Minerals in absehbarer Zeit ihre Bedeutung als Ausgangsmaterial für die Untersuchungen behalten werden, wenn man sich nicht von den bestehenden Realitäten lösen kann.

Eine vollkommen klare Entwicklungslinie zeichnet sich in der Petrochemie ab. Hier ist auch eine langanhaltende Stabilität der methodologischen Grundlage — der chemischen Vollanalysen von Gesteinen und gesteinsbildenden Mineralen — offensichtlich. Das hängt damit zusammen, daß es nicht möglich ist, die glasige Grundmasse von Effusiva und die starke Variabilität der Zusammensetzung vieler gesteinsbildender Silikate, bei denen die Beziehungen zwischen den Nebenelementen bei weitem noch nicht immer geklärt sind, mit physikalischen Untersuchungsmethoden festzustellen. Es ist richtig, daß die Genauigkeit dieser Methoden ständig zunimmt, aber sie werden noch lange Zeit weniger zuverlässig und arbeitsaufwendiger sein als die direkten Bestimmungen der chemischen Analyse. Es muß betont werden, daß die Schnelligkeit und die Wirtschaftlichkeit der analytischen Bestimmungen durch den Austausch der Gewichtsanalysen durch kolorimetrische, photometrische und spektroskopische Analysen ständig zunehmen. Diese methodologische Erweiterung der Möglichkeiten der Petrochemie verändert die Perspektiven für den Nachweis der Nebenelemente und Akzessorien der Gesteine enorm. Dies macht die chemische Analyse immer mehr zu einer Methode der Feinuntersuchung. Ähnliche Tendenzen lassen sichtbar werden, daß in nächster Zukunft solche Mehrkomponentenanalysen von Gesteinen eines der wichtigsten Kriterien für die Feststellung der genetischen Unterschiede zwischen den Gesteinen darstellen, deren Hauptbestandselemente keine erfaßbaren Abweichungen aufweisen.

Die weitere Vertiefung und Detaillierung der Analysetechnik wird uns bald zu einer praktisch möglichen Bestimmung der Isotopenzusammensetzung einiger Elemente der Gesteine (beispielsweise $^{16}O/^{18}O$, $^{32}S/^{34}S$, $^{13}C/^{12}C$, $^{40}Ca/^{44}Ca$ usw.) führen, was ebenfalls weitere Schlußfolgerungen über die Genese ermöglicht. Dieses Gebiet der analytischen Untersuchungen grenzt unmittelbar an die Isotopenpetrochemie oder Petrochronologie, die allmählich die gleiche Bedeutung in der Petrologie erlangt, wie die biostratigraphische Chronologie in der Geologie. Momentan befindet sich die Isotopenpetrochemie im Stadium der Vervollkommnung der Blei-, Uran- und Thorium-Blei-, Rubidium-Strontium-, Kalium-Argon- und Kohlenstoff-Methoden sowie der Untersuchung dessen, unter welchen geologischen Bedingungen sie angewendet werden können (G. D. AFANASJEW).

Die Kalium-Argon-Methode, die für kaliumhaltige Gesteine und Minerale praktisch sehr rentabel und sehr günstig ist, wird schnell verbessert. Es werden die thermodynamischen Bedingungen der Okklusion und Dissipation von Argon geklärt, die eine Hauptfehlerquelle bei den Bestimmungen des absoluten Alters darstellen. Ein wesentlicher Mangel der heutigen Isotopenpetrochemie ist außer den direkten Ungenauigkeiten der Bestimmung die bestehende chronologische Diskrepanz zwischen den am meisten angewendeten Blei-, Kalium-Argon- und Kohlenstoff-Methoden. Die rasche Vervollkommnung der Methodiken reduziert jedoch diese Spanne allmählich, und in naher Zukunft ist mit einer methodologischen Möglichkeit zur Bestimmung des absoluten Alters in einer ununterbrochenen Zeitskala von Tausenden bis zu Milliarden von Jahren zu rechnen.

Auch die interpretative Petrochemie ist durch eine ganz bestimmte Entwicklungsrichtung charakterisiert. Sie spiegelt sich in der wachsenden Kritik an jeglichen Verfahren der „universellen" Umrechnung der Angaben der chemischen Analyse auf die von ihnen abgeleiteten „magmatischen Formeln", „Zahlencharakteristiken", „Indizes", „Parameter", „Normen" usw. wider. Es ist vollkommen klar, daß die Ergebnisse ähnlicher, mehr oder weniger künstlicher und komplizierter Umrechnungen nur den realen Wert der Analysenangaben herabsetzen und sie in die Kategorie der abstrakten und teilweise imaginären Größen überführen, die die tatsächlichen Unterschiede zwischen physiographisch ähnlichen, aber zu verschiedenen genetischen Typen gehörenden Gesteinen nivellieren. Da gerade diese Aufgabe unvermeidlich an erster Stelle in der Petrologie der nahen Zukunft stehen wird, kommt die interpretative Petrochemie immer mehr von der ausnahmslosen Umrechnung aller Gesteine ab und geht zu einer differenzierteren Berechnung der Proportionen zwischen den für verschiedene Fälle unterschiedlichen Komponenten der chemischen Analysen über. Es soll daran erinnert werden, daß gegen die „petrochemische Vereinfachung", die die Petrographie zu einer Umrechnung der Analysen nach einem einheitlichen Schema führt, einer der führenden sowjetischen Petrographen, D. S. BELJANKIN (1944), entschieden aufgetreten ist. Viele der hervorragensten Petrologen des In- und Auslandes (KORSHINSKIJ, KUSNEZOW, PETROW, AFANASJEW, KUNO, KING, TILLEY, MCDONALD, BOYD u. a.) wenden ähnliche Umrechnungen selten oder gar nicht an.

Es muß gesagt werden, daß sich gerade in der Petrochemie mit ihrem umfangreichen analytischen Material besonders erfolgreich all die Methodiken zu entwickeln beginnen, bei denen elektronische Rechengeräte und die mathematische Variationsstatistik angewendet werden. Das ist ein sehr vielversprechender Weg, der in bezug auf die Vertiefung unserer Kenntnisse viel über die durchschnittliche Zusammensetzung der großen Festlandsblöcke und einzelnen petrographischen Provinzen erwarten läßt.

Einer der jüngsten Zweige der Petrologie, die Petrophysik, ist auf der Grundlage der labormäßigen Untersuchung der physikalisch-mechanischen Eigenschaften der Gesteine als Baumaterialien entstanden. Die gegenwärtige Situation dieser Wissenschaft wird demnach durch rasch zunehmende Verbindungen mit der Feldgeologie und Geophysik charakterisiert. Insbesondere spielt sie eine entscheidende Rolle in der Weiterentwicklung der heutigen Vorstellungen über die Wechselbeziehungen zwischen allen Angaben der Geophysik (und besonders der Seismologie) und den physikalischen Eigenschaften konkreter Gesteine, die sich in bestimmten thermodynamischen Bedingungen befinden. Auf eben dieser Grundlage hat die moderne Petrophysik die während eines langen Zeitraums entstandenen Vorstellungen über die Zusammensetzung und den Bau der Tiefen der Erdhüllen ins Schwanken gebracht. Die kritische Betrachtung der vertretenen Auffassungen hat gezeigt, daß die „Granitschicht" unseres Planeten nur mit geringer Wahrscheinlichkeit bzw. bedingt den Graniten entspricht; ebenso verhält es sich mit der „Basaltschicht" und den Basalten, mit der „Eklogitschicht" und den Eklogiten. In nächster Zukunft stehen der Petrophysik neue, einen hohen Arbeitsaufwand erfordernde Untersuchungen bevor, um viele Parameter der Geophysik (Geschwindigkeit der elastischen Wellen, Schwerkraftpotentiale, Deformationsmodule u. ä.) mit den physikalischen Eigenschaften der Gesteine einer bestimmten Zusammensetzung, Struktur, Lagerung, Genese und eines bestimmten Alters zu vergleichen. Da die in der UdSSR und den USA projektierten übertiefen Bohrungen kaum über den Bereich von einigen Dutzend Kilometern hinausgehen, ist diese Richtung der Petrophysik der einzige Weg, um Angaben über die Zusammensetzung und den Bau der unzugänglichen Tiefen der Erdkruste und des oberen Erdmantels erhalten zu können.

Da es sich um die physikalisch-mechanischen Eigenschaften der Gesteine und ihren Einfluß auf die geologische Struktur handelt, hat die Petrophysik eine enge Beziehung zur Petrotektonik. Weiter reicht die Ähnlichkeit jedoch nicht, da die Petrotektonik sich auf der Grundlage der Geländeuntersuchungen heraus gebildet und weiterentwickelt hat, die erst in jüngster Vergangenheit zusammen mit einer labormäßigen Modellierung einhergehen und durch diese illustriert werden. So entwickeln sich diese Wissenschaften in zwei entgegengesetzten Richtungen — vom Laboratorium zum Gelände und vom Gelände zum Laboratorium.

Trotz der bedeutenden Erfolge, die die Petrotektonik bereits erzielt hat, gehört ein beachtlicher Teil ihrer Errungenschaften noch zur Geometrie der magmatischen Körper und deren räumlicher Beziehungen zum inneren Milieu. Einige wichtige Fragen, die mit der Entstehung dieser Geometrie zusammenhängen, bleiben vorerst noch ungeklärt, was übrigens verständlich ist, da die Petrotektonik noch nicht alle durch die Heterogenität der Gesteine hervorgerufenen Besonderheiten berücksichtigen kann, weil diese selbst für die Petrographie noch nicht immer klar sind. So wird die Weiterentwicklung der Petrographie und der Geologie des Magmatismus in bedeutendem Maße die Evolution der Petrotektonik bestimmen.

Einige Hauptprobleme der Petrotektonik für die nächste Zukunft zeichnen sich klar in dem momentanen Kenntnisstand ab. Die Hauptschwierigkeit besteht in der Verschiedenheit der thermodynamischen und physikalisch-chemischen Bildungsbedingungen der sauren, basischen und ultrabasischen Magmen und der sich daraus ergebenden Wahrscheinlichkeit von unterschiedlichen Mechanismen, die deren Dynamik dementsprechend steuern. So ist die gewöhnliche Assoziation von Gesteinen unterschiedlicher Zusammensetzung in analoger geologischer Position wahrscheinlich nicht so sehr eine Folge des einheitlichen, sie steuernden Mechanismus, sondern eher ein Ergebnis der Konvergenz der ihrem Wesen nach verschiedenen Mechanismen.

Ein ebenso wichtiges und in vielem noch nicht geklärtes Problem der Petrotektonik ist die Dynamik der festen Massen im festen Milieu. Die Fragen der Plastizität und Fluidität der festen Gesteine unter den Bedingungen hoher Drücke und geringer Temperaturen sowie die Frage der Herauspressung von gleichartigen homogenen kristallinen Massen und bedeutenden heterogenen Blöcken, die gewöhnlich Hyperbasite enthalten, unter den Bedingungen des Stress bei der Faltenbildung — das sind die Aufgaben der Petrotektonik auf diesem Gebiet.

Eine charakteristische Besonderheit der modernen Petrologie ist die ständig zunehmende Bedeutung der physikalisch-chemischen und experimentellen Petrographie. Dabei vertreten die Petrologen der verschiedenen Schulen und Richtungen gegenüber der Möglichkeit von Experimenten unterschiedliche Standpunkte. Der vorbehaltlosen Zuversicht für die Ergebnisse des Experiments bei der einen Gruppe von Petrologen steht ein ebenso übertriebenes Mißtrauen gegen die „Tiegelpetrographie" bei den anderen gegenüber. Es muß gesagt werden, daß die Grundlagen des Skeptizismus gewöhnlich im Abweichen einiger sehr wichtiger, aus dem Experiment abgeleiteter Schlußfolgerungen von den faktischen Angaben der Feldpetrographie ihre Ursache hatten. Es gibt viele Beispiele für das Zusammenbrechen der „Gesetze des Tiegels". Man kann die Entwicklung der Ansichten über die Bedeutung der Eutektik bei der Kristallisation der Magmen erwähnen, die anfangs von den Experimentatoren und vor allem von N. Bowen, einem der Begründer der Gesetze der physikalisch-chemischen Petrographie („... wenn das inkongruente Schmelzen und eine feste Lösung zur Tür hereinkommen, fliegt die Eutektik zum Fenster hinaus", Bowen 1937), abgelehnt, aber später, in Übereinstimmung mit den Schlußfolgerungen der Petrologen, die die geologische Richtung vertreten, trotzdem von ihm anerkannt wurde (Bowen 1954). Ebenso steht es um die Frage einer möglichen magmatischen Liquation, die von den Experimentatoren (Graig; Bowen) entschieden abgelehnt, später aber, unter dem Einfluß der Geländeangaben und der auf einem neuen technischen Niveau durchgeführten Experimente, wenn auch mit Vorbehalten, anerkannt wurde. Ein stärkeres Auseinandergehen der Ansichten zeigte sich im Falle des Grundgesetzes der physikalisch-chemischen Petrographie, die die gesamte Vielfalt der Effusivgesteine auf eine durch Assimilations- und Hybridisationsprozesse überlagerte Kristallisationsdifferentiation des basaltischen Magmas zurückführt.

Diese auf ausgezeichnet durchgeführten Experimenten aufbauende Schlußfolgerung steht auch im Widerspruch zur geologischen Praxis und hat sich daher nicht lange gehalten. Zur Zeit sind fast alle Petrologen von der Heterogenität der Gesteine und der außerordentlichen Vielfalt der gesteinsbildenden Prozesse überzeugt, die weit über den Rahmen der Bowenschen „Reaktionsreihe" hinausgehen.

Aus all dem geht hervor, daß die Erfolge oder Mißerfolge der physikalisch-chemischen und experimentellen Petrographie vom Grad der Übereinstimmung zwischen der labormäßigen Modellierung und den nachzubildenden natürlichen Bedingungen bestimmt werden. Vorläufig reicht dieser Grad noch nicht zur Lösung einiger Grundfragen der Gesteinsbildung aus, aber mit der Verbesserung der Labortechnik, mit der Erhöhung der Anzahl der in das Experiment einbezogenen Komponenten und mit der Weiterentwicklung der Theorie nimmt dieser Grad ständig zu.

Der weitere Ausbau der physikalisch-chemischen und experimentellen Petrographie ist in der Gegenwart klar auf die Untersuchung der Mineral- und Gesteinsbildung bei hohen und mittelhohen Drücken und hohen Temperaturen zum Zwecke der Modellierung der in sehr großen Tiefen ablaufenden Prozesse gerichtet. Die Entdeckung der „schweren" Quarzmodifikationen Coesit (spezifisches Gewicht 3,5) und Stischovit (spezifisches Gewicht 4,2—4,5) sowie die experimentell nachgewiesene Umkristallisierung der Feldspate und der Glimmer zu Mineralen mit einem höheren spezifischen Gewicht (W. P. Petrow) unter diesen Bedingungen beweisen die großen Erfolge in dieser Richtung. Die immer größer werdende Menge der Angaben weist darauf hin, daß der konzentrische Aufbau des Erdmantels sowohl mit dem realen Wechsel der Zusammensetzung als auch mit der Veränderung des Aggregatzustands der kristallinen Substanz zusammenhängen kann. Die zweite Richtung der Modellierung zur weiteren Präzisierung der Theorie der metamorphen und

Zeitschrift für angewandte Geologie, Bd. 16 (1970), Heft 5

ultrametamorphen Prozesse sind die Experimente mit hohen Drücken, aber relativ niedrigen Temperaturen. Die Präzisierung der entsprechenden Parameter und die Verknüpfung der Ergebnisse aus den Experimenten mit den Angaben der Feldgeologie und Feldpetrographie ist eine Aufgabe für viele Jahre. Natürlich ist die Hauptbedingung für die Weiterentwicklung der zunehmende Grad der Annäherung des Experiments an die natürlichen Bedingungen, was vor allen Dingen eine Erhöhung der miteinander reagierenden Komponenten erfordert.

In letzter Zeit zeichnet sich im Bereich der Petrographie der magmatischen Gesteine immer deutlicher eine junge Wissenschaft ab — die Geologie des Magmas. Während das Hauptziel der Petrographie in der Untersuchung der Gesteine besteht, beschäftigt sich die Geologie des Magmas vorwiegend mit den Bedingungen für die Verteilung von sich gesetzmäßig wiederholenden Kombinationen magmatischer Gesteine und magmatischer Formationen im Raum, in einem Zeitabschnitt und in den geologischen Strukturen. Endziel der Geologie des Magmas ist die allgemeine Theorie von der Genese der Magmen und der magmatischen Formationen. Ihr effektives Ziel ist die Feststellung der Ursachen für die ungleichmäßige Verteilung der erzhaltigen und nichterzhaltigen mineralischen Rohstoffe und die Erarbeitung von zuverlässigen Kriterien für die Suche in allen bis zum gegenwärtigen Zeitpunkt oder in Zukunft zugängigen Sphären der Erdkruste.

Momentan befinden sich viele methodologische Prinzipien der Geologie des Magmas noch in der Ausarbeitungsphase, und sogar einige Grundbegriffe der magmatischen Geologie, einschließlich des Begriffs „magmatische Formation", haben noch keine allgemein anerkannte Definition erhalten. Trotzdem entwickelt sich die Geologie des Magmas, wie alle modernen Wissenschaften mit synthetischem Charakter, außerordentlich schnell, und es hat bereits sowohl Versuche zur Schaffung von Elementen für eine allgemeine Theorie (JU. A. KUSNEZOW, E. K. USTIJEW) als auch Versuche zur Herstellung von geologischen Formationskarten (D. S. CHARKEWITSCH) auf dieser neuen Grundlage gegeben.

Im Zusammenhang mit der zuletzt genannten Aufgabe ist vor kurzem der neue Terminus „Formationsanalyse" aufgetaucht, dessen konkrete Bedeutung und dessen Anwendungsbereich übrigens noch nicht mit der entsprechenden Vollständigkeit und Genauigkeit formuliert wurden. Diese neue Richtung der geologisch-petrographischen Untersuchungen ist von sehr großer theoretischer und praktischer Bedeutung. Nach der Gliederung der ausgesonderten Formationen von Effusivgesteinen, nach ihrer Zusammensetzung und ihrer Lage in den geologischen Strukturen sowie nach ihrer Bindung an bestimmte Etappen der tektonischen Entwicklung und nach ihrer relativen Bildungstiefe erhalten wir prinzipiell neue Möglichkeiten zur Herstellung ähnlicher geologischer Formationskarten mit den sich daraus ergebenden neuen Möglichkeiten zur strukturtektonischen und historischen Analyse sowie der metallogenetischen Prognostizierung.

Es muß gesagt werden, daß bis zur Herstellung von geologischen Formationskarten, die derartigen Zielen entsprechen, noch ziemlich viel Zeit vergehen wird. Es ist ganz offensichtlich, daß die gegenwärtig unternommenen Versuche zur Überführung der alten geologischen Karten in das neue „Formationsprinzip" nur einen ersten Schritt in der geforderten Richtung darstellen. Die Möglichkeiten für eine Neuerfassung des geologischen Materials ohne zusätzliche Untersuchungsarbeiten sowohl im Gelände als auch im Laboratorium sind nicht überzubewerten. Eine magmatische Formation ist jedoch nicht einfach eine Kombination von beliebigen Graniten mit Dioriten, sondern eine Gemeinschaft von Graniten mit einer bestimmten Genese (Ortho-, Para-, Metagranite usw.), die sich in einer bestimmten Phase der tektonischen Entwicklung (frühgeosynklinale, spätgeosynklinale—präorogene, orogene, postorogene usw.) herausgebildet hat und an eine bestimmte Kristallisationstiefe (subvulkanische, hypoabyssisch, mesoabyssisch, abyssisch usw.) mit ebenso bestimmten Dioriten gebunden ist.

Die unter einigen günstigen Umständen vorhandenen Primärmaterialien und die darauf aufbauenden geologischen Karten können auf diesen umfangreichen Fragenkomplex eine Antwort geben. Aber in den meisten Fällen sind neue Untersuchungen erforderlich, ohne die eine Umgestaltung der geologischen Karte zu einer Formationskarte in irgendeiner Weise nur zu einer „Neufärbung" der Karte führt.

Aus den Darlegungen ergeben sich auch die Hauptaufgaben der magmatischen Geologie für die nächste Zukunft. Die gründliche und planmäßig durchgeführte Überprüfung der geologischen Materialien und die Herstellung geologischer Formationskarten auf der Grundlage der gelände- und labormäßigen Formationsanalyse stellen die Hauptaufgabe der Geologie des Magmas dar, in der alle generellen Hauptprobleme aller Abteilungen der Petrologie zusammengefaßt sind. Auf diesem Weg wird die Petrologie insgesamt zur praktischen Lösung der Probleme der Heterogenität der Gesteine und deren Assoziationen, zur Erarbeitung von fundierteren Vorstellungen über die Zusammensetzung der tiefen Zonen der Erdkruste und des oberen Erdmantels, zur Schaffung einer allgemeinen Theorie über die Zusammensetzung und Genese der Magmen und schließlich zu einer sich auf eine genaue Kenntnis stützenden Theorie von der Bindung der Erzformationen an die petrographischen Formationen gelangen.

Erst von da an wird das bei Bedarf noch immer angewendete Prinzip aus der Geologie des Mittelalters, „Such das Erz beim Erz", schließlich fallengelassen werden, und man wird Bodenschätze nicht nur dort suchen, wo sie bereits gefunden werden, sondern auch da, wo sie noch unbekannt sind, aber den Formationsbedingungen nach vorhanden sein müssen.

Literatur

BELJANKIN, D. S.: Petrographie und Petrologie. — Isw. AN SSSR, ser. geol., Nr. 2 (1944).

— Allgemeine Geschichte der magmatischen Differentiation in einer kurzen Darlegung. — Geol. rudn. mest. sap. schtatow SSCHA (USA), ONTI (1937).

SAWARIZKIJ, A. N.: Eruptivgesteine. — Verl. AN SSSR (1955).

LEWINSON-LESSING, F. JU.: Erfolge der Petrographie in Rußland. — Verl. Geol. komta, Petersburg 1923.

USTIJEW, E. K.: Zur rationellen Klassifikation und Nomenklatur der veränderten vulkanischen Gesteine. — Isw. AN SSSR, ser. geol., Nr. 6 (1967).

Berufsbild des Ingenieurs der Fachrichtung Geophysik

1. Kennzeichnung des Fachgebietes

Die Geophysik befaßt sich mit den physikalischen Eigenschaften der Erde und deren räumlich-zeitlichen Veränderung. Ihre Grundlagen sind die Erkenntnisse und Methoden der experimentellen und theoretischen Physik und die mathematischen Methoden der Planung, Bearbeitung und Analyse von Beobachtungen. Während bei Arbeiten im Laboratorium die Versuchsanordnung stets so eingerichtet werden kann, daß unerwünschte Einflüsse zurücktreten, muß die Geophysik häufig die überlagerte Wirkung mehrerer Einflüsse untersuchen und aus der Gesamtwirkung den Anteil der einzelnen Ursachen ermitteln. Aus diesem Grunde steht die Geophysik in enger Beziehung zu solchen Wissenschaften wie Astronomie, Astrophysik, Geodäsie, Geographie, Geologie, Geochemie, Mineralogie, Petrographie und Lagerstättenkunde.

In den letzten Jahrzehnten hat sich die angewandte Geophysik herausgebildet, deren Ziel die Erforschung der obersten, technisch zugänglichen Schichten der Erdkruste ist. Sie nutzt die unterschiedlichen physikalischen Eigenschaften der Gesteine aus, um durch seismische, elektrische, elektromagnetische, magnetische, kernphysikalische, thermische und Schwerkraftmessungen ein Bild von der Lagerung

Herausgegeben von der Bergakademie Freiberg, Sektion Geowissenschaften.

der Körper im Raum, ihrer Größe, Gestalt und gegenseitigen Begrenzung zu gewinnen. Die Messungen werden auch teilweise in Erkundungsbohrungen durchgeführt, um Angaben über die durchteuften Gesteinsschichten zu erhalten.

In den letzten Jahren werden geophysikalische Meßverfahren auch in zunehmendem Maße in Bereichen außerhalb der Lagerstättenerkundung eingesetzt. So sind sie heute sowohl für die Untersuchung des Baugrundes (z. B. beim Bau von Talsperren und Großbauten) und des Bodens (z. B. forstwirtschaftliche Bodenkartierung) als auch für den Bergbau (Naherkundung unmittelbar vor dem Abbau, Grubensicherheit) von großer Bedeutung.

Umfang und Bedeutung der geophysikalischen Tätigkeit spiegeln sich darin wider, daß in der DDR Spezialbetriebe für geophysikalische Messungen und in einigen Bergbauzweigen eigene geophysikalische Dienste bestehen.

2. Kennzeichnung des Tätigkeitsgebietes

Bei der Ausführung geophysikalischer Untersuchungen übernimmt der Ingenieur der Fachrichtung Geophysik wichtige Aufgaben. Er organisiert Messungen, führt sie durch und übernimmt ihre Bearbeitung und Darstellung. Damit liefert er vorbereitetes Ausgangsmaterial für die wissenschaftliche Arbeit der geophysikalisch-geologischen Deutung der Meßergebnisse, die ein Geophysiker mit Hochschulausbildung vornimmt. In dieser Weise wird die Tätigkeit der Geophysiker mit Hoch- und Fachschulausbildung sinnvoll aufeinander abgestimmt.

Im einzelnen muß der Ingenieur befähigt sein, u. a. folgende Aufgaben durchzuführen:

Bedienung und Wartung der geophysikalischen Meßgeräte und Meßapparaturen, Ausführung kleinerer und mittlerer Reparaturen;
selbständige Durchführung von Meßaufträgen;
Organisation und Überwachung der Meßarbeiten;
selbständige rechnerische Bearbeitung und zeichnerische Darstellung der Meßergebnisse sowie Mitarbeit bei der Auswertung und Interpretation von Messungen;
Mitarbeit bei der Aufstellung von Projekten für geophysikalische Untersuchungen.

Der Ingenieur hat hauptsächlich im Gelände und im Bergbaubetrieb zu arbeiten. Er muß deshalb bereit sein, auch körperliche Anstrengungen auf sich zu nehmen. Er arbeitet oft monatelang in abgelegenen Gegenden und muß auf manche Bequemlichkeit verzichten. Unter solchen erschwerten Verhältnissen muß er das ihm anvertraute Kollektiv klug und umsichtig leiten und in seinem Auftreten erzieherisch als Vorbild wirken.

3. Das Studium

Das Ingenieurstudium in der Fachrichtung Geophysik wird an der Bergakademie Freiberg durchgeführt und umfaßt drei Jahre.

Der nach modernen Gesichtspunkten aufgebaute Studienplan gewährleistet eine breite, den üblichen Lehrplänen der Fachschulen entsprechende Grundausbildung (etwa 60% der Gesamtstundenzahl) und betont den methodischen Aspekt in der Ausbildung. Der Inhalt der Fach- und Spezialausbildung ergibt sich aus der Eigenart des Wissensgebietes, wobei besondere Kenntnisse in Physik, physikalischer und elektronischer Meßtechnik, Geologie und Geophysik vermittelt werden. Ein Teil der Spezialkenntnisse wird während einer längeren Betriebspraxis im letzten Abschnitt des Studiums erworben, wobei auch die Ingenieurarbeit angefertigt wird. Das Studium wird durch Exkursionen und jährlich stattfindende mehrwöchige Betriebspraktika abgerundet.

Im einzelnen werden folgende Fächer gelehrt:

Grundausbildung: Marxismus-Leninismus, Mathematik, Physik, Chemie, Sozialistische Betriebswirtschaftslehre, Methodologie der Ingenieurtätigkeit, Kybernetik und Informationsverarbeitung, Logik, Textmethodik und Ästhetik, Russisch, Körpererziehung.

Fach- und Spezialausbildung: Geophysik (Erkundungs-, Bohrloch-, Ingenieur- und Bergbaugeophysik), Geologie, Mineralogie und Lagerstättenlehre, Elektrotechnik und Elektronik, Vermessungs- und Kartenkunde.

4. Einsatzmöglichkeiten

Der Einsatz der Ingenieure der Fachrichtung Geophysik erfolgt vorwiegend beim VEB Geophysik Leipzig und im Geophysikalischen Dienst der SDAG Wismut, Karl-Marx-Stadt. In anderen Bergbaubetrieben, in der Baugrunduntersuchung und für wasserwirtschaftliche Aufgaben können diese Ingenieure ebenfalls eingesetzt werden.

5. Anforderungen an Studienbewerber

1. Abschluß der 10. Klasse;

2. abgeschlossene Berufsausbildung, möglichst in einem fachverwandten Beruf (z. B. Geologiefacharbeiter, Feinmechaniker, Funkmechaniker o. ä.) oder mindestens einjährige praktische Tätigkeit auf dem Gebiet der Geophysik;

3. nachweisbare gesellschaftliche Mitarbeit;

4. gute Kenntnisse in Mathematik und Physik;

5. Tauglichkeit für die Arbeit im Gelände, auch unter erschwerten Bedingungen.

Die Zulassung zum Studium hängt von den Bewerbungsunterlagen und dem Ergebnis des Aufnahmegesprächs ab. Die Bewerbungsunterlagen sind jeweils bis zum 15. Januar des Immatrikulationsjahres unter dem Kennwort „Ingenieurausbildung“ beim Direktorat für Erziehung und Ausbildung einzureichen!

Diese Anforderungen gelten ebenfalls für Absolventen von Erweiterten Oberschulen und Arbeiter-und-Bauern-Fakultäten.

Besprechungen und Referate

BENDER, F.

Ergebnisse erdölgeologischer Untersuchungen in Jordanien

I. Regionalgeologie, Schichtenfolge, Paläogeographie

II. Geologische Provinzen und ihre Erdölmöglichkeiten

„Erdöl und Kohle“, Hamburg, Jg. 22 (1969), 510–515, 597–604

In Südostjordanien werden präkambrische Plutonite und Katagesteine sowie oberproterozoische Sedimente des Nubisch-arabischen Schildes zunächst von etwa 500 m mächtigen kambrischen und ordovizischen kontinentalen Sandsteinen überlagert. Der stabile Schelf der Tethys umfaßt einen Gürtel kontinentaler, litoraler und neritischer Sedimente von 2–3000 m Gesamtmächtigkeit mit schnellen Faziesübergängen. Nördlich anschließend füllen neritische und bathyale Schichtenfolgen den mobilen Schelftrog der Tethys bis zu 5000 m und erreichen im Gebiet des Toten Meeres rd. 10000 m Gesamtmächtigkeit über dem Proterozoikum. Die seit dem Kambrium zu verzeichnenden Krustenbewegungen riefen lediglich bruchtektonische Verformungen hervor, schwache Faltungen sind nur in Nord- und Westjordanien zu erkennen. Auf Grund der tektonischen Entwicklung werden 5 strukturelle Provinzen unterschieden:

1. Südjordanien und das südliche Israel mit Zerrungsfugen, Abschiebungen und Graben-Horst-Strukturen;

2. Ostjordanisches Bruchschollenland, das durch NW–SE- und N–S-Störungen in ein Schollenmosaik zerlegt ist;

3. Zentraljordanien, wo zu den obengenannten Richtungen noch die W–E- und die SW–NE-Richtung sowie Wölbungselemente hinzutreten;

4. West- und Nordjordanien mit Bruch- und Biegeschollen sowie

5. Wadi-Araba-Jordan-Graben, der in seinem Südteil bis zum Toten Meer im Norden 15° und in seinem Nordteil in reiner Nordrichtung verläuft.

Die paläogeographische Entwicklung des Landes wurde seit dem Kambrium von zwei geotektonischen Großstrukturen gesteuert: Der Nubisch-arabische Schild war Liefergebiet von Verwitterungsprodukten und Ablagerungsgebiet vorwiegend kontinentaler Sedimente; die Jordanfurche ist der mobile Krustenteil zwischen der palästinensischen und der transjordanischen Großscholle, und von West und Nordwest her nahm die Tethys mehrfach Besitz vom ganzen Land bzw. von einzelnen Teilen.

1. Südjordanien

Seinen westlichen Teil nimmt Grundgebirge ein, das nach Osten zu von einer bis 1800 m mächtigen klastischen Schichtenfolge überdeckt wird. Obwohl in ihrer oberen Hälfte Gesteine marinlitoraler bis neritischer Fazies auftreten und die gesamte proterozoische Serie gute Speichereigenschaften besitzt, werden die Aussichten für Genese und Speicherung von Erdöl und Erdgas als sehr gering eingeschätzt.

2. Zentraljordanisches Kalkplateau mit Jafrbecken

2500 m mächtiges Paläozoikum, diskordant überlagert von unterkretazischen und oberkretazisch-alttertiären Sedimenten, erreicht im Zentrum des Jafrbeckens 3500 m. Die paläozoischen Klastika gleichen den Gesteinen Südjordaniens. In den höheren Schichtgruppen stellen sich tonige und kalkig-mergelige sowie reine Kalksteine ein. Die tektonisch alte Anlage des Jafrbeckens wird an der Wende Kreide/Tertiär in mehrere Becken gegliedert, in denen örtlich euxinische Sedimente liegen. Strukturelle und stratigraphische Erdölfallen sowie ausreichende Speichereigenschaften der Gesteine können angenommen werden. Jedoch sind bisher nur sehr geringe Anzeichen von Leichtöl und Gas in der Spülung einer Bohrung bekannt geworden. Der eventuelle Nachweis nutzbarer Kohlenwasserstoffe wird als mäßig angesehen.

3. Wadi Sirhan-Azraq-Yarmuk-Becken

Das Becken schließt östlich an das Kalkplateau an und streicht auf 400 km Länge im Nordwesten. Vom Westrand zur Muldenachse deutet sich eine Mächtigkeitszunahme der Beckenfüllung auf 5000 m an, von denen 1500 m allein auf Oberkreide/Alttertiär entfallen. Mit zunehmendem marinem Einfluß nach Norden verbessern sich die Speichereigenschaften der Gesteine. Strukturen sind zwar nachgewiesen, doch sind Öl und Gasanzeichen bisher nur in Dogger-Anhydriten einer Grundwasserbohrung bei Ramtha festgestellt worden. Die Möglichkeit einer wirtschaftlichen Öl- oder Gasführung wird für untersuchungswürdig gehalten.

4. Nordjordanisches Hochland ostwärts des Jordangrabens

Die Sedimentmächtigkeit nimmt nach Norden allmählich und von Osten nach Westen schnell zu und erreicht in den nördlichen grabenrandnahen Gebieten bis 5500 m. Das Kambrium wird im Süden unmittelbar von Unterkreide überlagert, nach Norden schieben sich paläozoische und mesozoische Sedimente mit jeweils stark wechselnder Fazies ein. Als Erdölmuttergesteine können die anhydritisch-kalkig-tonigen Sedimente aus Trias und Jura sowie die bituminösen Gesteine von Oberkreide und Paläozoikum in Betracht gezogen werden. Strukturen sind u. a. in der Ailunwölbung sowie in der positiven Schwereanomalie westlich Irbid nachgewiesen, stratigraphische Erdölfallen sind anzunehmen. Geringe Öl- und Gasspuren wurden in der Spülung einer Bohrung beobachtet, doch können die Aussichten für wirtschaftlich nutzbare Vorkommen nur als mäßig eingeschätzt werden.

5. Nordostjordanische Deckenbasalte

Die von Syrien bis Saudi-Arabien verbreiteten neogenen und pleistozänen Basaltergüsse überdecken in Jordanien rd. 11000 km². Sie erreichen bis 260 m Gesamtmächtigkeit. Strukturen sind nicht bekannt, und die Aussichten für eine Erdöl- und Erdgasführung erscheinen sehr gering.

6. Nordostjordanisches Kalkplateau

Östlich der Basaltverbreitung setzen paläogene Kalke, Kalkmergel und Hornsteine eine weitgehend eingeebnete Landschaft zusammen. Die Sedimentdecke über dem Präkambrium ist noch fast völlig unbekannt, Öl- und Gasspuren sind bisher nicht beobachtet. Die Aussichten auf wirtschaftlich wichtige Vorkommen könnten wohl unter gewissen Voraussetzungen positiv eingeschätzt werden, jedoch ist der geologische Kenntnisstand für eine Einschätzung des Gebietes noch zu gering.

7. Wadi Araba-Jordan-Graben

Im mittleren und nördlichen Teil des Grabens können die Sedimentfolgen von Trias/Jura, Maastricht/Eozän und Neogen Erdölmuttergesteine enthalten. Das Verhältnis von Speichergesteinen zu undurchlässigen Deckschichten ist günstiger als in allen anderen geologischen Provinzen Jordaniens. Mehrere Strukturen bieten die Möglichkeiten zur Kohlenwasserstoffakkumulation: das Ghor Safi, das Salzkissen von El Lisen, die Ghor es Katar-Pleistozän-Aufwölbung, eine positive Schwereanomalie im nördlichen Jordantal und Grabenrandschollen zu beiden Seiten des Jordantals.

Erdölanzeichen werden seit dem Altertum erwähnt und wurden auch in den im Grabenbereich abgeteuften Bohrungen wiedergefunden. Aussichten auf Öl- und Gaskonzentrationen werden für den südlichen Grabenbereich als gering, für den mittleren Teil als gut und für den Nordteil als mäßig angesehen.

8. Westjordanisches Hochland

Im nördlichen Westjordanien schwillt die Sedimentfolge an, doch sind Mächtigkeiten und Fazies nicht genauer bekannt. Als Erdölmuttergesteine sind in erster Linie — in Analogie zu den gasproduzierenden israelitischen Feldern Zohar, Kidod und Hakanaim — klüftige Kalke des Bath und Bajoc mit linsenförmigen Sandzwischenlagen in Betracht zu ziehen. Doch liegen die prospektiven Jura-Sedimente in den NE und NNE streichenden Sätteln des südlichen Westjordanien höher als die entsprechenden Gesteine in den südlichen Erdölfeldern Israels. Die Aussichten auf Erdölhöffigkeit werden für den Südteil Westjordaniens als günstig, für den Nordteil als mäßig angesehen.

Zusammenfassend läßt sich feststellen, daß in Jordanien Erdöl- bzw. Erdgasvorkommen in dem durch Sedimentbecken gegliederten Übergangsbereich vom stabilen zum mobilen Schelf im südlichen Westjordanien und im jordangraben-randnahen Teil zu erwarten sind. K. Dette

Bottke, H.; Dengler, H.; Finkenwirth, A.; Gruss, H.; Hoffmann, K.; Kolbe, H.; Simon, P.; Thienhaus, R. unter Mitarbeit von Freitag, K.-P.; Hofmeister, E.; Kneuper, G.; Meyer, W.; Nowak, H.; Schöne-Warnefeld, G.

Sammelwerk Deutsche Eisenerzlagerstätten

II. Eisenerze im Deckgebirge (Postvaristikum)

1. Die marin-sedimentären Eisenerze des Jura in Nordwestdeutschland

Beiheft zum Geologischen Jahrbuch, Bd. 79 (Hannover 1969). 391 S., 126 Abb., 48 Tab., 9 Taf.

Die Situation auf dem Eisenerzsektor ist in Westdeutschland durch den ständig steigenden Import hochwertiger Eisenerze und den abnehmenden Einsatz der geringwertigen einheimischen Eisenerze gekennzeichnet. Zahlreiche traditionelle Bergbaubetriebe schränken ihre Produktion ein oder werden stillgelegt, neuentdeckte Lagerstätten — insbesondere im postvaristischen Deckgebirgskomplex — werden nicht aufgeschlossen. Der Lagerstättenausschuß der Gesellschaft Deutscher Metallhütten- und Bergleute e. V., die Bundesanstalt für Bodenforschung, die Geologischen Landesämter und der Unternehmensverband Eisenerzbergbau e. V. haben es sich zum Abschluß der regen Untersuchungstätigkeit auf dem Gebiet der Eisenerze zur Aufgabe gemacht, den Stand der Kenntnisse in einem Sammelwerk über die westdeutschen Eisenerzlagerstätten darzulegen. Dieses Sammelwerk soll an „... frühere zusammenfassende Arbeiten über Untersuchungsstand und Vorratslage deutscher Eisenerzlagerstätten, wie die von BROCKAMP (1942) und KOHL (1934) und die im ‚Symposium sur les Gisements de Fer du Monde' (Alger 1952) enthaltenen Beiträge ..." anschließen und „... wie das Werk von EINECKE & KÖHLER (1910) einen zusammenfassenden Überblick über Tektonik, Stratigraphie, Mineralogie, Geochemie, Entstehung, Vorräte und bergbaulich-bergwirtschaftliche Verhältnisse" in den westdeutschen Eisenerzgebieten geben (Vorwort). Das erste Heft ist jetzt, von namhaften westdeutschen Eisenerzgeologen verfaßt, erschienen. Insgesamt sind 6 Hefte in zwei Bänden vorgesehen:

Band I: Eisenerze im Grundgebirge (Varistikum)

Heft 1: Hydrothermale Spateisenstein- und Eisenglanzgänge im Rheinischen Schiefergebirge (Siegerland — Wied)

Heft 2: Exhalativ-sedimentäre, sedimentäre Verdrängungs- und Verwitterungslagerstätten im Rheinischen Schiefergebirge; Eisenerzlagerstätten im Harz; Eisenerze in der Umrandung der Böhmischen Masse; Eisenerzgänge im Grundgebirge des Schwarzwaldes und seiner Umrandung

Band II: Eisenerze im Deckgebirge (Postvaristikum)

Heft 1: Sedimentäre Eisenerze des Lias, Doggers und Malms in Nordwestdeutschland

Heft 2: Sedimentäre Eisenerze der Kreide und des Tertiärs sowie quartäre Rasen- und Weißeisenerze in Nordwestdeutschland

Heft 3: Sedimentäre Eisenerze in Süddeutschland

Heft 4: Verdrängungs- und Verwitterungslagerstätten in Nord- und Süddeutschland (Eisenerze im Rotliegenden und Zechstein, Basalteisenerze, Bohnerze); Allgemeine Ergebnisse; Gesamtregister

In drei Hauptkapiteln werden

die marin-sedimentären Eisenerze des Lias in Nordwestdeutschland,

die marin-sedimentären Eisenerze des Doggers in Nordwestdeutschland,

die marin-sedimentären Eisenerze des Malms in Nordwestdeutschland abgehandelt.

Jedes Hautkapitel gliedert sich in

eine allgemeine Übersicht über die jeweils auftretenden Eisenerze,

eine Beschreibung der verschiedenen Lagerstätten und Vorkommen,

eine Darstellung der paläogeographischen Situation,

Ausführungen über die bergwirtschaftliche Bedeutung der Eisenerze,

ausführliches Schrifttum.

Bei der Bearbeitung der einzelnen Lagerstätten werden jeweils dargestellt:

Lage und Aufschlußgeschichte; tektonische Verhältnisse; stratigraphische Untergliederung des Profils und Stellung der Eisenerzhorizonte; chemische Zusammensetzung des Eisenerzes; petrographische Ausbildung des Eisenerzes (teilweise); paläogeographische Verhältnisse und Entstehung der Lagerstätte; Vorratslage, z. T. mit lagerstättenkundlicher Bewertung; bergbauliche Angaben.

Die Erläuterungen erfolgen in übersichtlicher, knapper Form und sind durch zahlreiche instruktive Abbildungen sowie Zahlentabellen (von Mächtigkeitsangaben über Gehaltswerte bis zu Vorratszahlen) ergänzt. Umfang und Inhalt gehen weit über die Darstellungen der früheren Jahre hinaus. Der Umfang von 372 Seiten (einschl. Literatur und Zusammenfassung) allein für die Eisenerze des Juras Nordwestdeutschlands kennzeichnet den durch die rege Bohrtätigkeit auf Erdöl- und Erdgaslagerstätten ausgelösten enormen Zuwachs an Kenntnissen über die Eisenerzführung dieses Gebietes in den letzten 30 Jahren. Es wurden z. T. bedeutende Lagerstätten gefunden (z. B. Gifhorn, Staffhorst). Der ständig zunehmende Einsatz von hochwertigen Importerzen führte jedoch zu einer Abwertung der mit ca. 30% Fe bei schlechter Aufbereitbarkeit geringwertigen Eisenerze. So wird dieses Heft (wie auch die anderen) zu einer vorläufig abschließenden Zusammenfassung der Kenntnisse über die Eisenerzführung und damit zu einem äußerst wichtigen Nachschlagewerk. Eine detaillierte Einschätzung muß bis zum Vorliegen aller Hefte für die Eisenerze im Deckgebirge ausgesetzt werden. Inhalt und Ausführung des vorliegenden Heftes wecken jedenfalls die Erwartung auf die folgenden. Dieser positive Eindruck wird durch einige Wiederholungen im Text, bedingt durch die Vielzahl der Autoren, nicht beeinträchtigt. Wünschenswert ist, daß in dem für das Heft 4 des II. Bandes angekündigten Abschnitt „Allgemeine Ergebnisse" eine zusammenfassende Darstellung der Kenntnisse über die Gesetzmäßigkeiten der Genese dieser sedimentären Eisenerze und der offenen Probleme erfolgt, wobei die Eisenerzhorizonte nicht als etwas Besonderes, sondern im Zusammenhang mit dem ganzen Profil (als Teil des Ganzen) bei Auswertung aller Teilergebnisse gesehen werden. Es zeigt sich immer mehr, daß die Lösung noch unklarer Fragen und die Erzielung neuer Hinweise zur Genese der Erze nur durch eine komplexe Auswertung, die der modernen formationellen und metallogenetischen Betrachtungsweise gerecht wird, erzielt werden können.

W. NÖLDEKE

Autorenkollektiv

Colloque sur l'Éocène, Paris, Mai 1968. Volume III: Communications, Rapports et Propositions

Paris: Mémoires du bureau des recherches géologiques et minières 1969. Nr. 69, 473 S.

Der dritte (und letzte) Band über das Eozän-Kolloquium im Mai 1968 in Frankreich bringt im ersten Teil (S. 23—316) zunächst noch einmal Originalmitteilungen (Communications). Es werden 25 Arbeiten vorgelegt, von denen die meisten wiederum regionale Probleme behandeln oder Beschreibungen regionaler Verhältnisse darstellen. Nur wenige tragen allgemeinen Charakter. Die Untersuchungen basieren auf den verschiedensten Fossiliengruppen. Eine gewisse Ballung (8 Arbeiten) ist für Norditalien festzustellen, eine Arbeit behandelt die Eozän-Stratigraphie von Südnigeria, eine andere die eozäne Biostratigraphie von Pakistan.

In den weiteren Teilen des vorgelegten Bandes werden die Ergebnisse des Kolloquiums zusammengetragen. Der zweite Teil (S. 319—437) enthält die „Rapports des coordonnateurs", zusammengefaßt nach methodischen und regionalen Gesichtspunkten. In der ersten Gruppe wird für das Eozän der erarbeitete Kenntnisstand folgender Komplexe dargestellt: Foraminiferen, Ostracoden, Palynologie und Algologie, Geochemie, Methoden der Sedimentologie, Sedimentologie der kontinentalen Formationen. Die regionalen Synthesen in der zweiten Gruppe erfassen die Becken von Paris, Belgien und England, den Rhein-Graben, Ostfrankreich, die Aquitaine mit den Nord- und Südabhängen der Pyrenäen, das Rhônegebiet, die Meeralpen sowie Norditalien. Ein weiterer Bericht in dieser Gruppe wird zur Grenze Eozän/Oligozän gegeben. Dieser einzige Rapport mit allgemein stratigraphischer Themenstellung trägt der Sonderstellung Rechnung, die das Thema „Eozän/Oligozän-Grenze" während des Kolloquiums eingenommen hat. Es ist offensichtlich viel diskutiert worden und kehrt auch in den Mitteilungen zum Kolloquium immer wieder.

Ein dritter Teil (S. 441—456) enthält einige besondere Bemerkungen (Observations diverses) einzelner Autoren zum Mittleren und Oberen Eozän sowie zu den Grenzen Paläozän/Eozän und Eozän/Oligozän. Der vierte Teil (S. 459 bis 470) schließlich beinhaltet die Vorschläge (Propositions), die während des Kolloquiums erarbeitet wurden:

1. Désignation de nouveaux étages
2. Dépôt dans les muséums des espèces de référence
3. Cartes paléogéographiques
4. Ilerdien
5. Biarritzien
6. Priabonien
7. Signification des étages de l'Éocène
8. Limites de sous-périodes
9. Limite Éocène/Oligocène
10. Limite Paléocène/Éocène

Der vorliegende Band ist wiederum vorbildlich ausgestattet und ausgeführt. Er enthält zahlreiche Abbildungen, Bildtafeln, Profilbeschreibungen, Fossilienlisten, Verbreitungstabellen, Zonierungs- und Korrelationstafeln, die vom Benutzer ebenso vorteilhaft empfunden werden wie die mehrsprachigen Zusammenfassungen der englisch, französisch, italienisch oder deutsch geschriebenen Arbeiten. Die „Propositions" sind im vollen Wortlaut in französischer und englischer Sprache abgedruckt. E. LAZAR

AUBERT, G.

Les coupoles granitiques de Montebras et d'Échassières (Massif Central français) et la genèse de leurs minéralisations en étain, lithium, tungstène et béryllium

Paris: Bureau de recherches géologiques et minières 1969. Mémoires, Nr. 46, 345 S., davon 326 S. Text, 54 Fig., 41 Taf. mit 127 Fotos, 37 Tab., 32 Anl., frcs. 200

Montebras und Échassières liegen am Nordrand des französischen Zentralmassivs, in W—E-Richtung ca. 60 km auseinander, halbwegs zwischen Loire und Mont Dore. Südwestlich Montebras zeichnen sich zwei gravimetrische Anomalien mit Werten von —44 mgal deutlich im Schwerebild ab. Da in solchen Bereichen verdeckte pneumatolytische Lagerstätten auftreten können, wie sie aus den Quarzgängen der weiteren Umgebung auch bekannt sind, wurden die „Granitkuppeln" von Montebras eingehend untersucht. Bei Échassières gaben die im dortigen Granitmassiv stehenden Gänge Anlaß für lagerstättenkundliche Arbeiten, über deren Durchführung und Ergebnisse der vorliegende Band eingehend informiert. Entsprechend gliedert sich der Text nach Vorwort, kurzer Zusammenfassung und allgemeiner Einführung in drei Hauptteile: Montebras, Échassières und genetische Vergleiche.

Bei Montebras gehen Bergbauversuche bis in die Zeit der Römer zurück. Seit 1850 wurden bergmännische Untersuchungen und Gewinnung mit wechselnder Aktivität und schwankendem Erfolg durchgeführt. Ab 1955 übernahm das BRGM die Bearbeitung der Zinnerzlagerstätte Montebras, und zwar wurden die Flußseifen und durch 11 Bohrungen die Lagerstätten in situ untersucht. Von 1959 ab wurden die Arbeiten drei Jahre auf die Suche von Li ausgerichtet.

Der geologische Bau der Region von Montebras wird von einer 5 bis 6 km breiten, W—E gerichteten Bergkette beherrscht, in der vornehmlich Zweiglimmergranite auftreten. Im Norden wird sie durch die Verwerfung von la Marche gegen die kristallinen Schiefer (Gneise, Amphibolite und Anatektite) des Plateaus von Aigurande abgesetzt. Nach Süden grenzen die Granite an die kristallinen Schiefer von Lépaud, die aus Anatektiten mit Biotit und Cordierit bestehen und als granitische Fazies angesehen werden.

Als ältester Teil der granitischen Einheiten wird der porphyrische Biotitgranit von Chanon angesehen. Er hatte keinen Einfluß auf die Mineralisationen. Der gleichen „granulitischen Kette" gehört der porphyrische Zweiglimmergranit von Grand-Roche mit hohen Gehalten an seltenen Elementen an. Die Aplitgranite von Toulx-Sainte Croix und Chateau sind intrusive Gangfüllungen. Im Zentrum der Granitkuppel von Montebras, an die eine SnLi-Mineralisation gebunden ist, liegt ein Mikrogranit, dessen petrographische Entwicklung (Albitisierung und Greisenbildung) und geochemische Ausbildung (Gehalt an seltenen Elementen) unter dem Einfluß des umgebenden Albit-Muskovit-Granits entstanden. In mehreren Etappen erfolgte die Mineralausscheidung. Sie begann mit Albit, Muskovit und Kassiterit, dann folgten Verquarzung und Greisenbildung in den typischen Fazies „Stockscheider", „Quarzglocke" und Glimmergreisen. Weiterhin treten Minerale der Elemente Nb, Ta, Li, W, Be, As und F auf. Die Vererzungen sind auf die Kuppeln des Albitgranits und seinen Kontakt beschränkt. Die geochemische Entwicklung und das Fehlen primärer Aureolen sind besonders beachtenswert.

Auch im Gebiet Échassières reichen die Bergbauspuren auf Zinn bis in die Zeit der galloromanischen Besiedlung zurück. Neuzeitliche Aufschlüsse wurden Mitte des vorigen Jahrhunderts eröffnet. Ab 1852 wird Kaolin abgebaut, 1913 trat Wolframit dazu, ab 1961 Zinn; 1962 übernahm das BRGM Untersuchungsarbeiten besonders im Hinblick auf Li und Be. Am Aufbau des Gebietes sind zwei Serien beteiligt: die kristallinen Schiefer von la Sioule in den Fazies Biotit- und Sillimanitgneise, Zweiglimmergneise und Glimmerschiefer sowie zwei nach Ausbildung und Verbreitung recht unterschiedliche Granitmassive, der Mikrogranitlakkolith von Pouzol-Servant und der Granitbatholith von Échassières, an den die Sn-, Li-, Be-, W-, Nb- und Ta-Mineralisationen gebunden sind.

Sehr ausführlich wird das Granitmassiv mit seinen unterschiedlichen petrographischen Typen, seiner Tektonik und seinen Mineralisationen beschrieben. Der porphyrische Zweiglimmergranit von Colettes ist ein deutlich umgrenzter Batholith. Den Kontakt zu den umgebenden Glimmerschiefern bilden zahlreiche Brüche in 10 bis 40° Nord, die auch die Struktur des Granitmassivs und die Lage kaolinitisierter Zonen bestimmen. Der Albit-Lepidolith-Granit von Beauvoir liegt intrusiv in den Glimmerschiefern und im Granit von Colettes und stellt eine Granitkuppel dar. Auf eine alkalische Phase mit Albit-Lepidolith-Ausscheidung folgte eine pneumatolytische Phase mit Bildung der Quarzporphyroblasten, der Phosphate und des Greisens. Turmalinisierung hat nicht stattgefunden. Einer späteren hydrothermalen Phase werden Quarzgänge unterschiedlicher Entstehung und Füllung und die Kaolinisierung zugeordnet. Sämtliche beobachteten Mineralisationen sind an das kleine Granitmassiv von Beauvoir gebunden. So sind Li, Rb, Cs im Granit von Colettes 5- bis 10fach, im Granit von Beauvoir 20- bis 50fach gegenüber den CLARKE-Werten erhöht. Gleiche Verteilung zeigt Sn mit Gehalten von 151 g/t und 500 bis 1500 g/t. Wolfram wurde in zwei Phasen konzentriert. In einer älteren entstand ein Fe-reicher, in einer mittleren Phase ein Mn-reicher Wolframit in den Gängen von Mazet. Li, Sn, Be, Nb und Ta sind genetisch direkt mit dem Albitgranit von Beauvoir verbunden, in dessen Komplex beträchtliche perspektivische Vorräte dieser Metalle enthalten sind. Nach dem Ergebnis aller Elementverteilungen wird der spezielle Verlauf der geochemischen Entwicklung in seinen einzelnen Etappen beschrieben. Das Granitmassiv Échassières wird von weiten Verteilungsaureolen umgeben. In ihnen sinkt die Intensität in der Reihenfolge der Elemente F, Li, W, As, Sn, Be, P ab. Aureolen besonders hoher Intensität umgeben den Granit von Beauvoir, von dem aus sie sich weit nach Süden verlängern. In ihnen erreichen die Elemente Gehalte von 1000 g/t F, 10 g/t Sn, 50 g/t Li_2O, 16 g/t W und 40 g/t As.

Der Vergleich beider Gebiete zeigt deren weitgehende Übereinstimmung, wie in den Beziehungen zu einem Zweiglimmergranit und in der unmittelbaren Bindung an Alkaligranite, bei denen in Montebras der Muskovit und in Échassières der Lepidolith der jeweilige Träger der Mineralisation ist. In beiden Fällen handelt es sich bei den Graniten um granitisierte Albite mit späterer Mikroklin- und Quarzbildung. Als unterscheidendes Merkmal muß das Fehlen von W und Be in Montebras hervorgehoben werden. Trotzdem gehören beide Lagerstättenreviere dem gleichen metallogenetischen Typ an und sind das Ergebnis der Entwicklung spezialisierter granitischer Magmen.

Ein Vergleich beider Lagerstätten mit ähnlichen im Zentralmassiv hebt gemeinsame Züge hervor, wohingegen fast alle Charakteristika der Lagerstätten des Armorikanischen Massivs denen von Montebras und Échassières gegenüberstehen. Die Gründe dafür werden in der jeweils besonderen primären geochemischen Spezialisation und in der unterschiedlichen Entwicklung der Granitmassive gesehen. Der Vergleich mit den Lagerstätten des Erzgebirges kann viele gemeinsame Züge hervorheben. Außerdem werden die untersuchten Lagerstätten noch mit denen in Hoggar und in Ostsibirien verglichen.

In der Arbeit werden auch die beiden Zinnerzlagerstätten Montebras und Échassières behandelt. Die kurzen geologischen Übersichten werden durch Skizzen und Geländefotos mit eingetragener Gesteinsverbreitung wirkungsvoll unterstützt. Ausführlich wird die petrographische, geochemische und metallogenetische Entwicklung der beiden Lagerstätten beschrieben. Auch diese Teile der Arbeit sind reich mit Fotos und Skizzen ausgestattet; die Ergebnisse chemischer Untersuchungen sind in Übersichten, graphischen Darstellungen und Tabellen verdeutlicht. Die farbig gehaltenen Karten der Elementverteilungen ermöglichen einen schnellen und in Verbindung mit der geologischen Karte sicheren Überblick über die geochemische Entwicklung der Lagerstätten, der durch Tabellen der Bohrprofile noch erweitert und vervollständigt wird. Der Fülle aller dargelegten Fakten ist die große Sorgfalt zu entnehmen, mit der die Gelände- und Auswertungsarbeiten durchgeführt wurden.

Dem Verf. kann man für alle aufgewandte Mühe nur danken, ist es ihm doch gelungen, eine nach modernen Grundsätzen erarbeitete Lagerstättenmonographie vorzulegen. Das BRGM hat, wie es in dieser Veröffentlichungsreihe üblich ist, wiederum für eine recht gute drucktechnische Ausstattung gesorgt und auf diese Weise der Arbeit den ihr würdigen äußeren Rahmen gegeben. Das Mémoire Nr. 46 bringt viele wertvolle Anregungen und Hinweise für Geologen, Tektoniker, Petrographen, Geochemiker und Lagerstättenkundler. K. DETTE

LOTZE, F., u. a.

Geotektonische Forschungen in Spanien

„Geotektonische Forschungen", Stuttgart 1968, H. 27, 154 S.

In dem von F. LOTZE eingeführten und mit einem Schlußwort versehenen Heft sind zwei Dissertationen aus den Jahren 1962/1963 enthalten: R. WALTER „Die Geologie in der nordöstlichen Provinz Lugo (Nordwest-Spanien)" und G. NOLLAU „Stratigraphie, Magmatismus und Tektonik der Montes de León zwischen Astorga und Ponferrada in Nordwest-Spanien". Sie haben im wesentlichen die lithostratigraphische Entwicklung vom Kambrium bis Silur und den strukturellen Bau von zwei kleineren Gebieten zum Inhalt. Die Gegenüberstellung der in den ca. 100 km voneinander entfernten Arbeitsgebieten erzielten Ergebnisse erlaubt nach LOTZE, das Allgemeingültige von den örtlichen Besonderheiten zu scheiden und die „geotektonische Gesamtgesetzlichkeit herauszuschälen", weil es sich bei den Gebieten um „tektonisch homologe", das heißt in gleicher struktureller Position des generellen Bauplanes der Varisciden angeordnete, Regionen handelt.

Die regionalgeologische Bedeutung der beiden Arbeiten, die an sich nicht über Dokumentationen des geologischen bzw. tektonischen Inventars hinausgehen, wird von LOTZE in seinem Schlußwort „Der gesamttektonische Rahmen" zusammengefaßt. Die Untersuchungen belegen das von LOTZE bereits 1963 (an schwer zugänglicher Stelle) veröffentlichte „neue Bild der variscischen Gebirgszusammenhänge im westlichen Europa", wonach im Gegensatz zu STILLE (1951) Iberisches und Rhenidisches Orogen keine durch einen „Ebro-Sporn" getrennte selbständige Orogene darstellen, sondern sich das Iberische Orogen nach Norden bzw. Nordnordosten in den Golf von Biskaya fortsetzt und in einem unmittelbaren Zusammenhang mit dem variscischen Faltenstrang des Armorikanischen Massivs steht. Damit haben die Arbeiten des „Münsteraner Arbeitskreises" im spanischen Variscikum auch für regionalgeologische Vergleiche mit unserem Gebiet an Interesse gewonnen.

Durch die Ergebnisse der beiden Dissertationen sieht LOTZE auch seine Vorstellungen über das paläogeographische Bild des Kambriums und seiner epirogenetischen Anlage (LOTZE 1961) bestätigt, wonach von einem im Osten bzw. Norden Spaniens gelegenen Schwellen- und z. T. Abtragungsgebiet (Kantabrische Zone des Variscikums; äußere Externiden) nach Westen bzw. Südwesten in eine kambrische Orthogeosynklinale des Kantabrisch-Iberischen Troges (Westasturisch-Leonesische Zone; innere Externiden) geschüttet wurde, die durch eine breite Schwellenzone im Gebiet der spanischen Meseta (Galicisch-kastilische Zone; Interniden) von dem Andalusischen Trog im Südwesten Spaniens getrennt wird. Für LOTZE spiegelt sich in dieser engen räumlichen Verknüpfung von epirogenem Geschehen des Kambriums und dem orogenen Bauplan der Varisciden Spaniens ein Zusammenhang in dem Sinne, daß die „Epirogenese den späteren Gebirgsverlauf prädestiniert", wie er aus den Raum-Stoff-Beziehungen im alpinotypen Orogen Spaniens bereits in seinen kurzen Bemerkungen zu „Bau und Geschehen" im Jahre 1961 ableitete („Geotekt. Forsch.", H. 14). Ein Prinzip, das den Vorstellungen der sowjetischen Schule SCHATSKIS sehr nahekommt und dem die Tektoniker der DDR besondere Aufmerksamkeit widmen. G. SCHWAB

Herausg. K. H. WEDEPOHL sowie C. W. CORRENS, D. M. SHAW, K. K. TUREKIAN und J. ZEMANN

Handbook of Geochemistry

Berlin, Heidelberg, New York: Springer-Verlag 1969. Bände I und II—1

Gesamtdarstellungen einer Wissenschaft oder eines Wissenschaftszweiges werden dringend notwendig, weil der Praktiker kaum noch das allgemeine Wissen zu übersehen vermag, spezielle Erfahrungen und Ergebnisse sind von ihm in unserer mit Daten überschütteten Zeit sowieso nicht mehr zu erfassen. Daraus ergibt sich zwingend, daß solche Gesamtdarstellungen auch nicht mehr — wie das vor 20 Jahren noch möglich war — eine Ein-Mann-Arbeit sein kann, sondern eine Gemeinschaftsarbeit vieler Autoren sein muß. Handbücher dieser Art lassen zwar mitunter die Geschlossenheit der Darstellung etwas vermissen, jedoch wird dieser Nachteil bei geglückter Gesamtredaktion dadurch wieder aufgewogen, weil die einzelnen Autoren die Probleme unter verschiedenen Aspekten behandeln und so die den Dingen innewohnende Problematik am besten zum Ausdruck kommt.

Die ersten, im Jahre 1969 herausgegebenen Teile des von K. H. WEDEPOHL redigierten „Handbuches der Geochemie" berechtigen bereits jetzt zu der Feststellung, daß sowohl vom Inhalt als auch von der Form her ein Nachschlagewerk entsteht, das allen Anforderungen gerecht wird. Das Handbuch besteht aus zwei Teilen, einem ersten (442 S.), der die herkömmlich so benannte allgemeine Geochemie behandelt und in einem fest eingebundenen Band vorgelegt wird, und einem zweiten, in dem die spezielle Geochemie der einzelnen Elemente dargestellt ist. Dieser zweite Band, der in mehreren Lieferungen (vermutlich 1 bis 4) erscheint, ist lose gebunden, die Seiten sind auswechselbar, so daß die Elementdarstellungen nach Belieben komplettiert, später, wenn sie veraltet sind, entfernt und durch neue Teile wieder ergänzt werden können.

In der vorliegenden Rezension wird nicht auf den sachlichen Inhalt des Handbuches eingegangen, hier soll nur eine kurze Übersicht über die Thematik der einzelnen Kapitel gegeben werden.

Im Band 1 werden folgende Themen behandelt: Entdeckung der chemischen Elemente, Geschichte und Definitionen der Geochemie — 11 S.; Kristallchemie — 25 S.; in der Geochemie verwendete thermodynamische Daten — 41 S.; die Zusammensetzung der Meteoriten — 38 S.; die Häufigkeit der Elemente im Kosmos — 18 S.; geophysikalische Aspekte über Struktur und Aufbau der Erde — 93 S.; Zusammensetzung und Häufigkeit der verbreitetsten magmatischen Gesteine — 23 S.; Zusammensetzung und Häufigkeit der verbreitetsten sedimentären Gesteine — 22 S.; Zusammensetzung und Häufigkeit der verbreitetsten metamorphen Gesteinstypen — 25 S.; Aufbau und Zusammensetzung der Ozeane, Flüsse und der Atmosphäre — 27 S.; Grundlagen für die Berechnung von Daten (analytische Fehler, statistische Operationen, Verrechnung chemischer Analysen) — 52 S.; Tabellen — 37 S. Diese Aufzählung zeigt bereits, welche Akzente gesetzt wurden. Den Kapiteln über Struktur und Erdaufbau, die Berechnung von Daten und die Thermodynamik ist die größte Seitenzahl zugebilligt worden! Die Darstellungen in den einzelnen Kapiteln sind sehr komprimiert geschrieben; sie sind klar und übersichtlich und enthalten zahlreiche Tabellen und Diagramme. Die Literatur (erfreulich ausführlich) wird kapitelweise zitiert. Autoren- und Sachregister beschließen den Band. Schade ist, daß der eigentlichen und letztlich wichtigsten Anwendung, nämlich der Suche von Lagerstätten, im allgemeinen Band kein Raum gewidmet worden ist. Das wird als Mangel empfunden, zumal auch von dieser Seite der Geochemie besonders in den letzten zwei Jahrzehnten wesentliche Impulse ausgegangen sind und sich dieser Anwendungsbereich faktisch zu einer selbständigen, in sich geschlossenen Disziplin entwickelt hat. Gleichermaßen wird ein gesondertes Kapitel über Biogeochemie vermißt.

Von Band II mit den Beiträgen zur Geochemie der einzelnen Elemente liegen bis jetzt (und meist noch nicht vollständig) die Kapitel über Be, B, C, O, V, Fe, Zn, As, Ag, Sn, Sb, Re, Pt-Metalle, Hg, Bi, Th und U vor. Diese Kapitel, in der Regel von mehreren Autoren bearbeitet, sind, um die Geschlossenheit zu wahren, einheitlich aufgebaut. Sie umfassen folgende Abschnitte: Kristallchemie; Isotope; Vorkommen im Kosmos, in Meteoriten, in gesteinsbildenden Mineralen, in magmatischen Gesteinen; Verhalten in magmatischen Prozessen, bei der Verwitterung; Adsorptionsprozesse; Vorkommen in Wässern, in der Atmosphäre, in Sedimenten; Biogeochemie; Vorkommen in metamorphen Gesteinen; Verhalten bei metamorphen Reaktionen; Beziehung zu anderen Elementen sowie ökonomische Bedeutung. Auch in diesen Kapiteln überwiegen Tabellen und Diagramme. Der Text dient im allgemeinen nur zur Erläuterung. Dadurch wird auf relativ geringem Raum ein umfangreiches Datenmaterial geboten. Jeweils am Schluß der Abschnitte ist angegeben, wann die Manuskriptabgabe erfolgte, so daß der Leser imstande ist, einzuschätzen, bis zu welchem Zeitpunkt die Literatur verarbeitet werden konnte.

Die Literatur wirklich vollständig zu erfassen, ist sicher schwierig, im Falle eines Handbuches allerdings anstrebenswert. Unter diesem Aspekt wird z. B. eine Reihe sowjetischer Autoren vermißt, so u. a. zu Zinn: BARSUKOW (1957), LJACHOWITSCH (1964), TAUSON (1961); zu Rhenium: KOSLOWSKAJA & MITRJAJEWA (1961), NEKRASOW & PACHOMOWA (1963), SHIROW & IWANOWA (1959). Es wäre insofern günstig gewesen, bei der Quellensuche oder (besser) auch als Mitautoren Kenner der sowjetischen geochemischen Literatur hinzuzuziehen.

Nach RANKAMA & SAHAMA, GOLDSCHMIDT, SAUKOW und SZÁDECZKY-KARDOSS war die Publikation eines Handbuches der Geochemie „fällig". Den Autoren und Herausgebern ist zu danken für ein Werk, auf das wahrscheinlich als Quelle geochemischen Wissensstandes relativ lange Zeit Fachmann und Lernender gern zurückgreifen werden.

G. TISCHENDORF

BARTH, T. F. W.

Feldspars

New York—London: Wiley & Sons Inc. 1969. X + 261 S., 147 Abb. einschl. Dünnschliff-Fotos, 48 Tab., Ganzleinen, £ 4.5

Hauptanliegen dieses neuen Buches über die in der Literatur gewiß nicht stiefmütterlich behandelte Mineralgruppe der Feldspäte besteht nach Ansicht des Rezensenten darin, einen zusammenfassenden Überblick des Standes der Kenntnisse über die substantiellen Eigenschaften aller Feldspäte bis zum Jahr 1967 zu geben. Die optischen Eigenschaften bleiben unter Hinweis auf ihre umfassende Darstellung durch BURRI, PARKER, WENK (1967) bewußt ebenso unberücksichtigt wie die diagnostischen Methoden. Das reich mit Diagrammen und Tabellen ausgestattete Buch schließt so eine deutliche Lücke in der kompilatorischen Literatur über die Feldspäte, die bei der gegebenen Literaturflut in immer kürzeren Zeitabständen notwendig wird.

Der Stoff wird in fünf Hauptkapitel gegliedert:

1. Allgemeine Mineralogie und Klassifikation der gesteinsbildenden Feldspäte (59 S.).

2. Übersicht über Pseudosymmetrie und Verzwillingung (27 S.).

3. Struktur der Feldspäte (58 S.).

4. Physikalische Eigenschaften der Feldspäte (41 S.).

5. Thermodynamische Eigenschaften der Feldspäte (57 S.).

Schon der Umfang der Kapitel weist darauf hin, daß neben der Klassifikation die Struktur und die thermodynamischen Eigenschaften der Feldspäte als der gegenwärtig wichtigste Untersuchungsgegenstand in dieser Mineralgruppe betrachtet werden. Auf diese beiden Probleme bezieht sich auch der Hauptteil der jüngsten Zitate. Aber auch die physikalischen Eigenschaften und hier besonders die Dichte und das Standardzellenvolumen werden relativ ausführlich behandelt. Das Buch enthält keine Neudarstellung der vom Autor in früheren Arbeiten entwickelten Methoden zur Anwendung der Feldspäte in der Geothermometrie.

Ausführliche Literaturverzeichnisse am Ende der Kapitel sowie ein Autoren- und Sachregister erhöhen den Informationsgrad und die Lesbarkeit des Buches. Die Zusammenstellung historischer und neuer Begriffsbestimmungen sowie von Lokalnamen und Synonyma wird sicher auch ein gern benutztes Hilfsmittel sein.

J. WASTERNACK

ROEDDER, E.

Varvelike banding of possible annual origin in celestite crystals from Clay Center, Ohio, and in other minerals

„American Mineral.", Jg. 54 (1969), S. 796—810

Manche Coelestinkristalle zeigen eine rhythmische Bänderung abwechselnd heller und dunkler Streifen, größtenteils parallel {210}. Obwohl die Mächtigkeiten der einzelnen Bänder innerhalb eines Kristalls erheblich schwanken können, bleiben sie doch in Folgen von Hunderten von Bandpaaren bemerkenswert gleichmäßig. Einzelne Bandpaare von 3 bis 70 μ Breite lassen sich über Entfernungen von 0,5 cm in gleicher Mächtigkeit verfolgen. Manchmal setzen sie sich über ehemalige Kristallgrenzen hinaus fort.

An einigen großen lichtblauen Coelestinkristallen aus Dolomitdrusen von Clay Center in Ottawa County, Ohio, wurden regelmäßige zwischen 3 und 70 μ schwankende Bandpaare beobachtet, die größtenteils 6 bis 20 μ breit waren. Die Bandpaare setzen sich aus lichten und dunklen Bändern in Verhältnissen zwischen 1:1 und 4:1 zusammen.

Die Bänderung wird nicht etwa durch feinverteilte Einschlüsse organischer Substanz bewirkt, sondern durch eine unterschiedliche teilweise Substitution des Strontiums durch Barium. Durch eine Querschnittsprobe mit der Elektronenmikrosonde im Abstand von 2 μ wurde erkannt, daß die lichten Bänder mit einem höheren Ba-Anteil allmählich in die dunklen Bänder mit einem geringeren Ba-Anteil übergehen. Das Verhältnis der Auszählungen für Sr und Ba schwankt zwischen etwa 6 und 10, entsprechend Molanteilen von etwa 0,022 $BaSO_4$ für die Ba-reichen hellen Bänder und 0,013 $BaSO_4$ für die Ba-armen dunklen Bänder. Der allmähliche Übergang der älteren bariumreichen Bänder in die jüngeren bariumärmeren und der darauf folgende schnelle Anstieg des Ba-Gehalts decken sich mit der unter dem Mikroskop beobachteten Asymmetrie der Bänderung.

Der Bänderung in den Coelestinkristallen ähnliche Bänderungen wurden auch in Kalzit, Sphalerit, Gips, Steinsalz und Fluorit festgestellt. Auch die Bänderung der Achate ist hier anzuführen.

Unter acht möglichen Bildungsbedingungen scheint die Erklärung der Bänderung durch jährliche Konzentrationsschwankungen der die Kristalle bildenden Lösungen am zutreffendsten zu sein. Demnach wären die Coelestinkristalle aus Sr- und Ba-haltigen Chloridlaugen durch Mischung mit Oberflächenwasser, bei Temperaturen zwischen 68 und 114°C, entstanden. Dabei ist die Bänderung wahrscheinlich den Warven der Sedimentgesteine gleichzusetzen. Für einen der untersuchten Coelestinkristalle von 10 cm Länge ließe sich dabei eine Bildungsdauer von etwa 10000 Jahren ableiten.

Ein ähnlicher Bildungsmechanismus läßt sich auch für Sphalerit erkennen. Andere gebänderte Kristalle bedürfen jedoch noch einer eingehenden Untersuchung, wobei verfeinerte Untersuchungsmethoden weitere Beispiele für jährliche Rhythmen der Abscheidung erwarten lassen.

H. REH

AMSCHINSKI, N. N., & JE. N. TATARINOW

Die Abtrennung des Biotits aus Gesteinen

„Raswedka i ochrana nedr", Jg. 35 (1969), H. 12, S. 38

Monomineralische Fraktionen, besonders von Biotit, haben in der letzten Zeit erhöhte Bedeutung für radiogeologische und geochemische Untersuchungen erlangt. Biotit ist gut geeignet für absolute Altersbestimmungen nach der K—Ar-Methode, außerdem sind in ihm verschiedene seltene und akzessorische Elemente konzentriert, die für die Ermittlung der geochemischen Spezialisierung eines gegebenen Intrusivkomplexes herangezogen werden können.

Die Abtrennung des Biotits ist auf verschiedene Weise möglich, für radiogeologische Untersuchungen sind aber nicht alle Methoden der Abtrennung zulässig. Beim Flotieren z. B. dringen die Reagenzien in Spaltrisse ein und sind auch bei sorgfältigstem Waschen mit Alkohol nicht mehr zu entfernen, und bei Altersbestimmungen ergeben sich dann erhebliche Fehler.

Auch andere weitverbreitete Verfahren (magnetische Separation, Schütten auf eine geneigte rauhe Oberfläche u.a.) gewährleisten keine hinreichende Produktivität und entsprechende Reinheit der Biotitproben.

JE. N. TATARINOW schlug eine einfache Schnellmethode vor, die auf dem Prinzip der elektrostatischen Abtrennung beruht: ein 2,5—4 mm dickes Stück durchsichtigen farblosen Plexiglases in der Größe DIN A 3 wird durch Reiben mit einem Tuch elektrisiert, und es zieht dann die feinplattigen leichten Mineralien aus der Probe an.

Im einzelnen wird folgende Arbeitsvorschrift gegeben: Die Probe wird mit Backen- und Walzenbrecher auf 0,2 mm zerkleinert und durch ein 0,2 mm-Sieb abgesiebt. Die auf dem Sieb verbleibende Fraktion bildet den Ausgangspunkt für die Biotitabtrennung. Die Probe darf nicht zerrieben werden, und vor der Abtrennung ist sie zur Entfernung der Staubfraktion zu waschen und anschließend zu trocknen. Die Probe wird auf eine ebene Oberfläche gegeben und mit einem Lineal geglättet. Dann nähert man die elektrisch geladene Plexiglasscheibe der Oberfläche der Probe soweit, bis die ersten Biotitblättchen angezogen werden (bis dahin bleibt die Scheibe klar) und dann nochmals 1—1,5 cm (dann erfolgt eine „massenweise" Anziehung des Biotits). Eine weitere Annäherung ist ungünstig, da sonst ein mechanisches Mitreißen anderer Mineralien erfolgt und die Verunreinigung der Probe zunimmt. Mit einem Pinsel bringt man den an der Plexiglasscheibe haftenden Biotit in ein entsprechendes Aufbewahrungsgefäß. Dann wird das Probenmaterial durchmischt, geglättet und die Operation wiederholt.

Die Erfahrungswerte der Verfasser zeigen, daß man von einer Probe mit einem Gewicht von 10 kg die erforderliche Biotitmenge (25—50 g) in 20 bis 25 Minuten abtrennen kann. Ist am Anfang noch keine gute Reinheit der Abtrennung zu verzeichnen, so ist das Abgetrennte nochmals auf die gleiche Weise zu behandeln. Gewisse Biotitvarietäten lassen sich besser mit geriebenem Glas, Leder bzw. Porzellan abtrennen. Die Verfasser vermerken zum Abschluß, daß bei großer Luftfeuchtigkeit diese Methode ein erheblich schlechteres Ausbringen liefert. W. OESTREICH

MESSENGER, I. U.

Barytpfropfen können aktive Gaszonen effektiv abdichten

„Öl und Gas Journal", April 28 (1969), S. 66—70

Barytpfropfen, die aus Baryt, Wasser und einem Verdünnungsmittel bestehen, werden als wirksames Mittel zur Kontrolle von aktiven Zonen in Gassonden während der Wiederherstellung des Spülungsumlaufes, bei der Suche nach Übergangszonen sowie beim Aus- und Einbau angegeben. Inbesondere bei Spülungsverlustzonen ist eine Barytabdichtung angebracht, da der Spülungsumlauf mit relativer Sicherheit wiederhergestellt werden kann.

Unter vier Baryten wurde ein günstiger ausgewählt. Dieser wird in einer Kombination von komplizierten Phosphatverdünnern mit Wasser gemischt. Die Schlämme dehydriert im offenen Loch und führt zur Abdichtung der aktiven Zone. Das Einpumpen erfolgt über Zementierausrüstungen.

Die idealen Eigenschaften des Barytpfropfens sind hoher Filterverlust, hohe Absetzrate und hohe Dichte, die bei einer Dichte von 2,64 g/cm³ nicht mehr erreicht wurden. Die günstige Dichte von 2,15 g/cm³ erzeugt dagegen einen geringeren hydrostatischen Druck. Organisches Phosphat wird am wirksamsten als Verdünner eingesetzt; in Abbildungen und Tabellen wird die Wirkung in Abhängigkeit zur Sedimentation und Filtration veranschaulicht. Die Technologie für das Mischen und Anbringen der Barytpille wird erläutert; dabei ist zu beachten: Nach Einbringen der Pille ist das Gestänge aus der Pfropfenzone zu ziehen, um ein Festwerden zu verhindern. Die Pille darf nicht mit Spülung verunreinigt werden.

An einem praktischen Beispiel werden die Berechnung und das Anbringen eines Barytpfropfens erläutert.

B. HEYNE

ROPER, W. A., & V. A. JONES

Improved simultaneous determination of formation properties from well logs

„Journal of Petroleum Technology", Jg. 21 (1969), 7, S. 827—835, 7 Abb., 2 Lit.

Die von BURKE, CURTIS & COX für das Karbonatgestein des Chaveroo-Ölfelds in New Mexico beschriebene Methode der komplexen Interpretation von Bohrlochmeßergebnissen („J. Petrol. Techn.", Jg. 19, 1967, 7, S. 889—895) wird durch Einbeziehung von Widerstandsmeßwerten und geologischen Informationen weiterentwickelt. Im Ergebnis lassen sich aus Akustik-, Sidewall-Neutron-, (Gamma-Gamma-) Density-, Laterolog und Mikrolaterolog quantitative Profile des Gehalts an Dolomit, Anhydrit, Gips, Quarzsubstanz, Kalk (bedingt) und Porenvolumen sowie der Sättigung des Porenraums mit Schichtwasser, produzierbarem und nichtproduzierbarem (Rest-)Öl gewinnen, wie an mehreren beeindruckenden Beispielen aus dem obengenannten Ölfeld gezeigt wird. Das Prinzip der Methode wird durch Darstellung der verwendeten Gleichungssysteme in Matrizenform sowie graphisch veranschaulicht. Die gewonnene, nahezu allseitige Information über die Lithologie und die Speicherparameter des dolomitischen Speichergesteins erlaubt vor allem eine sichere Plazierung der Perforationsöffnungen auf die Horizonte, die bei hoher Porosität höchste produzierbare Ölsättigungen aufweisen. Diese Methode repräsentiert den gegenwärtig erreichten Höchststand der bohrlochgeophysikalischen Bearbeitung karbonatischer Speicher.

K. LEHNERT

Autorenkollektiv

Deep Sea Drilling Project: Leg 7

„Geotimes", Jg. 14 (1969), H. 10, S. 12—13

Während der 7. Bohrreise der „Glomar Challenger", die vom 8. August bis 8. September 1969 von Guam nach Honolulu führte, wurden Tiefseebohrungen an 7 Bohrplätzen in vier verschiedenen geologischen Provinzen niedergebracht. Bohrpunkt 61 lag in einer Meerestiefe von 5562 m im Marianenbecken östlich des Marianengrabens. Die drei Bohrpunkte 62 bis 64 waren in einer etwa W—E gestreckten Linie am Südrand des Karolinenbeckens in Meerestiefen von 2591 und 4472 m und auf dem Ontong-Java-Plateau in 2052 m Tiefe angesetzt. Während die Bohrungen 62 und 63 Teufen von 581 und 566 m erreichten, wobei 356 bzw. 174 m Bohrkerne ausgebracht wurden, konnte am Bohrpunkt 64 eine 985 m tiefe Bohrung niedergebracht werden, in der 143 m Bohrkerne ausgebracht wurden. Die Bohrungen 65 und 66 wurden im Zentralbecken in Bohrtiefen von 6130 und 5293 m zwischen den Gilbert- und Line-Inseln angesetzt und erbrachten 150 m bzw. 115 m Bohrkerne. Schließlich wurde das Hawaiigewölbe nördlich der Insel Oahu mit der in 4473 m Tiefe angesetzten Bohrung 67 untersucht, die nach 60 m in harten braunen Hornsteinbänken eingestellt werden mußte.

Während an den Bohrpunkten 61 und 65 bis 67 nur sehr geringe Sedimentationsraten unter 5 m je Jahrmillion angetroffen wurden, zeigten sich an den Bohrpunkten 62 bis 64 über 20 m je Jahrmillion. In den Bohrungen 62 und 63 wurden ebenso wie auf dem Karolinenrücken oligozäne Basalte unter den Sedimenten festgestellt. Dagegen ruhen die geringmächtigen Sedimente der Bohrungen 61 und 66 auf Basalten der Kreide. H. REH

Scripps Institution of Oceanography

Deep Sea Drilling Project: A Summary

„Geotimes", Jg. 14 (1969), H. 10, S. 14

Nach Beendung des ersten Jahres der Tiefseebohrungen im Rahmen des Deep Sea Drilling Project wird eine Reihe wichtiger Ergebnisse mitgeteilt:

1. Es wird bestätigt, daß die Ozeanbecken, wie sie gegenwärtig bestehen, relativ junge Bildungen sind. Für die Annahme, daß die Ozeane schon in den ältesten Zeiten der Erdgeschichte angelegt wurden, zeigten sich keine Hinweise.

2. Für die Annahme sich ausbreitender Tiefseeböden und der Kontinentaldrift haben sich starke Stützen ergeben.

3. An zehn Bohrpunkten im Atlantik wurde der aus Eruptivgesteinen bestehende Tiefseeboden erreicht und die ältesten auflagernden Sedimente wurden festgestellt. Die gleichen Ergebnisse zeigten sich im Pazifik.

4. Das Alter dieser ältesten Sedimente wurde bestimmt, ferner wurde festgestellt, in welchem Ausmaß sich die Ozeanböden auf der Erhebung der Mittelatlantischen Schwelle bilden und sich seitwärts ausbreiten. Die Ausbreitungsgeschwindigkeit wurde mit 1 bis 4 cm/Jahr gemessen, wobei sich im Südatlantik sehr gut übereinstimmende Werte ergaben.

5. Die Berechnungen des Alters und der Ausbreitungsgeschwindigkeit stimmen sehr gut mit paläomagnetischen Ableitungen überein.

6. Die ältesten Sedimente auf den Ozeanböden wurden im Jura abgelagert (140 Mill. Jahre).

7. Der Nordatlantik begann sich vor etwa 200 Mill. Jahren als tiefreichende Kluft zum Ozean zu öffnen, der Südatlantik vor etwa 150 Mill. Jahren.

8. Daraus ergibt sich, daß Europa, Nordamerika, Afrika und Südamerika früher vereint waren und sich erst zu den genannten Zeiten zu trennen begannen.

9. Der Nordwestpazifik zeigt eine relativ ältere ozeanische Sedimentation und war bereits ein Ozeanbecken, als der Atlantik noch gar nicht existierte oder nur eine Einkerbung in einer riesigen Kontinentalmasse darstellte.

10. Durch die Tiefseebohrungen wurden im allgemeinen fast vollständige Profile vom Holozän bis zur Oberkreide gewonnen.

11. Durch geophysikalische Messungen über große Entfernungen verfolgte Reflexionshorizonte wurden durchbohrt und bestimmt. Im Nordatlantik handelt es sich gewöhnlich um Hornstein- oder Feuersteinbänke, die manchmal mit Turbiditen in Verbindung stehen, die von den Rändern der Kontinente herunterreichen. Im Südatlantik wurden keine Hornsteinbänke angetroffen.

12. Im Nordwestpazifik treten Hornsteinbänke und verkieselte Tuffe als Reflexionshorizonte auf.

13. Einige Becken im Westpazifik sind relativ jung im Vergleich zum mittleren Teil des Nordwestpazifiks.

14. Es zeigte sich, daß Turbiditablagerungen von großer Bedeutung sind und weit in den Atlantik und den Golf von Mexiko hineinreichen.

15. Vor etwa 60 Mill. Jahren herrschte in einem großen Teil des Nordatlantiks eine Sedimentation, die zur Bildung von Hornstein führte.

16. In Tiefseesedimenten werden zahlreiche Minerale neu gebildet, wobei möglicherweise Lösungen aus unterlagernden Eruptivgesteinen eine Rolle spielen. Außergewöhnliche Tonminerale, Zeolithe und Karbonate wurden immer wieder erkannt. Als Beispiele seien nur Attapulgit-Sepiolith, Rhodochrosit, Dolomit und Klinoptilolith (Natron-Heulandit) genannt.

17. Eisenmangankonkretionen spielen in den Tiefseesedimenten eine nur sehr untergeordnete Rolle.

18. In einer Bohrung wurden in Sedimenten über Eruptivgesteinen Ausfällungen von Eisen- und anderen Metalloxiden in großen Mengen beobachtet.

19. Die Sigsbee Knolls im mittleren und südwestlichen Golf von Mexiko sind Salzdiapire, die Salze des Juras enthalten.

20. An den Sigsbee Knolls wurden Anzeichen von Erdöl und Erdgas beobachtet. Damit haben sich die ersten Hinweise auf eine Bildung und Speicherung von Kohlenwasserstoffen unter Tiefseebedingungen ergeben, woraus sich neue Erkenntnisse für die Erkundung und Ausbeutung ableiten lassen.

21. Die tiefliegenden Erhebungen des Ostpazifiks erwiesen sich als Unregelmäßigkeiten in den ursprünglichen Oberflächenformen der Vulkanite.

22. Die Entwicklung der Technologie, im freien Ozean ohne Verankerung in großen Tiefen Rotarybohrungen anzusetzen und bis zu mittleren Tiefen mit gezielter Bohrkernentnahme niederzubringen.

23. Nachweis der Möglichkeit, Tiefseebohrungen auf hoher See geophysikalisch zu vermessen.

24. Bestimmung der Ablagerungsgeschwindigkeit von Tiefseesedimenten.

25. Erste direkte Messungen der Ausbreitungsgeschwindigkeit seismischer Wellen in Abhängigkeit von der Art der Sedimente.

26. Gewinnung von Tiefseesedimentprofilen, die mit Profilen vom Land, wie z. B. von der Insel Barbados, vergleichbar sind. Dadurch ließ sich nachweisen, daß diese Inselgruppe aus einem Tiefseeboden hochgepreßt worden ist. Andererseits ließ sich durch die Beobachtung von Flachwassersedimenten in großen Tiefen der Beweis für bedeutende Versenkungen erbringen.

Die angeführten wichtigsten Ergebnisse des ersten Jahres einer gründlichen Erforschung der Ozeanböden durch Tiefseebohrungen lassen schon erkennen, daß man auf dem richtigen Weg ist, um zu neuartigen Auffassungen über die Entstehung der Ozeane zu gelangen. Die geplante Fortsetzung der Untersuchungen ist in vieler Hinsicht gerechtfertigt und verspricht weitere Erkenntnisse für viele Zweige der Geowissenschaften. H. Reh

Stagg, K. G., & O. C. Zienkiewicz

Rock Mechanics in Engineering Practice

London, New York, Sydney: John Wiley & Sons 1968. 442 S.

Die Felsmechanik bzw. Gebirgsmechanik ist ein relativ neues Wissensgebiet, das gleichermaßen für Geologen, Bergleute und Bauingenieure wissenschaftliche und technische Bedeutung hat und durch eine Vielseitigkeit von Problemen charakterisiert ist. Professor O. C. Zienkiewicz und Dr. K. G. Stagg als Herausgeber des vorliegenden Bandes gelang es, ein von namhaften Spezialisten verschiedener Fachrichtungen erarbeitetes kollektives Werk vorzulegen, das sich mit verschiedenen Gebieten der Felsmechanik und deren grundlegenden Randgebieten befaßt. Durch generelle Vorgabe der Thematik für die einzelnen Beiträge seitens der Herausgeber wurde mit dem Buch ein recht einheitliches und umfassendes Werk geschaffen, dessen Umfang dadurch in vernünftigen Grenzen gehalten werden konnte.

Deere, D. U., USA: Geologische Betrachtungen

Bedeutung der Geologie allgemein und lithologischer Parameter für die Felsmechanik, unter Berücksichtigung der physikalischen Eigenschaften des Gesteins, ingenieurmäßige Klassifikation des Gesteins nach der Druckfestigkeit und dem Elastizitätsmodul sowie des Gebirges nach relativem Kerngewinn und dem Geschwindigkeitsverhältnis seismischer Wellen im Gebirge und im Gestein.

Hendron, jr., A. J., USA: Mechanische Eigenschaften des Gebirges

Mechanische Gesteinseigenschaften: Zugfestigkeit, Verhalten bei einachsialem Druck und bei dreiachsialer Belastung, Einfluß der Härte, Kriecheigenschaften von Steinsalz unter dreiachsialer Belastung.

Mechanische Gebirgseigenschaften: Diskussion verschiedener Feldversuche u. a. zur Ermittlung des Deformationsmoduls, Beziehungen zu Laborversuchen am Gestein und zum seismischen Elastizitätsmodul, Scherfestigkeit.

Serafim, J. L., Spanien: Einfluß des Kluftwassers auf das Verhalten des Gebirges

Einfluß von Poren, Klüften und Spalten auf den Wasserdurchfluß; Unterschiede der Durchlässigkeit und Verformbarkeit des Gebirges in Abhängigkeit von der Zeit sowie Richtung und Lage der Trennflächen; Beobachtungen der Unterläufigkeit an Staubauwerken; wirksame Spannungen im Gebirge und Probleme des Porendrucks; In-situ-Durchlässigkeitsversuche; mechanische und chemische Veränderungen infolge Wasserzirkulation.

Hoek, E., England: Sprödbruch des Gesteins

Formen und Ausbreitung des Bruchs, Bruchkriterien; Einfluß von Feuchtigkeit, Normalspannung, Anisotropie und Laborversuchstechnik.

STAGG, K. G., Wales: In-situ-Versuche

Statische und dynamische Feldversuchsmethoden, In-situ-Scherversuche, Durchlässigkeitsbestimmungen.

ROBERTS, A., England: Verformungs- und Spannungsmessungen im Gebirge

Spannungen in der Erdkruste, Spannungs- und Dehnungscharakteristika des Gebirges, Grundlagen der Spannungsmessung, Bohrlochmessungen, Spannungsmessungen mit hydraulischen Druckelementen; indirekte Messungen der Spannung mit geophysikalischen Verfahren, durch Beobachtung der Kernbeschaffenheit und durch hydraulische Verfahren; Auswahl der Methoden und Diskussion von Ergebnissen der Spannungsmessungen.

AMBRASEYS, N. N., & HENDRON, jr., A. J., England/USA: Dynamisches Verhalten des Gebirges

Ursachen (hauptsächlich Sprengungen und Erdbeben) und Wirkungen von dynamischen Erschütterungen im Gebirge; Erschütterungen durch Sprengungen, Schadenskriterien; In-situ-Messungen des dynamischen E-Moduls, empirische Korrelation zwischen statischen und dynamischen Elastizitätsmoduli.

ZIENKIEWICZ, O. C., Wales: Kontinuumsmechanik als Weg zur Lösung von Gebirgsproblemen

Die Bedeutung der Spannungs- und Verformungsanalyse in der Felsmechanik, mechanisch-mathematische lineare und nichtlineare Modellvorstellungen und Anwendungsbeispiele verschiedener Methoden; Kriechprobleme.

TROLLOPE, D. M., Australien: Diskontinuumsmechanik oder klastische Mechanik bei Gebirgsproblemen

Das klastische Modell, Betrachtung der wirksamen Kräfte zwischen den Gesteinsbestandteilen im Mikro- und Makrobereich; Anwendung der Mechanik klastischer Gesteine in bezug auf Spannungsübertragung; Bruchkriterien und Fließprobleme; Erdbeben- und dynamische Probleme.

MORGENSTERN, N. R., England: Grenzzustände im Gebirge

Plastizitätstheorie, Methoden der Analyse des Grenzgleichgewichts bei Rutschungen; Sicherheitsgrad und Analyse der Rutschflächen; Festigkeits- und Bruchprobleme; Einfluß des Wasserdruckes.

FUMAGALLI, E., Italien: Modellversuche in der Felsmechanik

Modelle und mechanische Ähnlichkeit im linear-elastischen Bereich (zweidimensional); dreidimensionale Modelle im elastisch-plastisch-viskosen und im Grenzbelastungsbereich; Gültigkeit und Anwendungsgrenzen bei der Modellnachbildung unterirdischer Hohlräume (Tunnel).

LANCASTER-JONES, P. F. F., England: Methoden der Gebirgsverfestigung

Methoden und Anwendbarkeit verschiedener Injektionsverfahren mit Beispielen; Felsverankerung; Einfrieren des Felsens; Verhinderung bzw. Vorbeugung von Felsverwitterung.

Die Verfasser behandeln oft eigene spezielle Versuche, beziehen aber zur besseren Übersicht auch fremde Arbeiten mit ein. In einigen Kapiteln überschneiden sich die Probleme, was aber in diesen Fällen der Verbindung untereinander dient und das allgemeine Verständnis fördert.

H. KADO

CAMBEFORT, H.

Bodeninjektionstechnik. Einpressungen in Untergrund und Bauwerke

Übersetzt und mit einem Literaturverzeichnis ergänzt von K. BACK

Wiesbaden und Berlin: Bauverlag GmbH 1969. 543 S., 357 Abb., viele Tab., Ganzgewebe, DM 96,—

Das in 1. Auflage im Jahr 1964 erschienene französische Buch „Injection des sols" von CAMBEFORT ist als eine grundlegende Arbeit über das umfangreiche und komplizierte Gebiet der Injektionstechnik anzusehen. Die nunmehr vorliegende deutsche Übersetzung wird das Werk sicher einem größeren Kreis von Interessenten zugänglich machen.

Das Buch, gleich wichtig für Bauingenieure und Ingenieurgeologen, wird in zwei Hauptteile gegliedert, die wiederum in verschiedene Teile und Kapitel unterteilt sind.

Im Hauptteil I, „Grundlagen und Verfahren", werden im ersten Teil in den Kapiteln 1 und 2 allgemeine Hinweise über die injizierbaren Medien sowie über die verschiedenen Arten von Injektionsmischungen gegeben. Bei den injizierbaren Medien wird grundsätzlich unterschieden zwischen verkarstetem Fels, zerklüftetem Fels und Lockergestein („Alluvionen"), die mit flüssigen Mischungen (Lösungen, Emulsionen), instabilen Mischungen (Suspensionen) oder stabilen Mischungen (Suspensionen) abgedichtet oder verfestigt werden können.

Der zweite Teil (Kapitel 3 bis 9) ist der Theorie und den Grundlagen der Injektionen gewidmet, wobei zunächst der Vorgang des Fließens des Injektionsgutes während der Injektion in den Poren von Lockergesteinen sowie in Klüften und Spalten felsiger Gesteine behandelt wird. Betrachtungen über die wichtige Frage des Injektionsdruckes, über experimentelle Untersuchungen für Injektionen (Laborversuche und Beobachtungen in situ) sowie über die physikalischen und mechanischen Eigenschaften der injizierten Gesteine (Druckfestigkeit, Fließwiderstand; Durchlässigkeit nach der Injektion) schließen diesen Teil des Buches ab.

Die eigentliche Injektionstechnik (Injizierung von zerklüftetem Fels sowie von Sand und Kies, Überprüfung der Injektion, Feststellung des Injektionserfolges, Wasserdurchlässigkeitsversuche, Arten der Bohrungen, Bohrlochabstände, Injektionen von „oben nach unten" oder von „unten nach oben"?) mit ihren unterschiedlichen und in der Anwendung vor allem von der Beschaffenheit des Untergrundes abhängigen Methoden wird im dritten Teil in den Kapiteln 10 bis 15 behandelt.

Der vierte Teil befaßt sich auf etwa 160 Seiten (Kapitel 16 bis 27) ausführlich mit den Injektionsmitteln und den bei Injektionen verwendeten Geräten. Es werden, dem derzeitigen Wissensstand in der Bodenmechanik angepaßt, die wissenschaftlichen und technischen Grundlagen genauer beschrieben, mit denen die verschiedenen Probleme bei Injektionen zu lösen sind. Besonders wichtig sind die richtige Wahl des Einpreßgutes sowie der anzuwendenden Geräte, also Parameter, die variabel sind und jeweils den besonderen Gegebenheiten in situ angepaßt werden müssen. In diesem Teil werden u. a. behandelt: Eigenschaften, Zusammensetzung und Typen der Injektionsmittel; die richtige Wahl des Einpreßgutes; Injektionsgeräte; Baustelleneinrichtung.

Im Hauptteil II „Anwendung" werden die im Hauptteil I gegebenen Hinweise und Richtlinien durch Beschreibung von Beispielen aus der Praxis, vor allem französischer Firmen, unterstrichen. Wert wurde dabei vor allem darauf gelegt, zu zeigen, wie in Abhängigkeit von der Art des Bauwerkes und den Untergrundverhältnissen bei den Injektionsarbeiten vorgegangen wurde. Die Beispiele wurden unterteilt nach dem zu behandelnden Milieu (verkarstetes und zerklüftetes Felsgestein, rolliges Lockergestein, Mauerwerk) und nach dem gesuchten Ziel (Abdichtungen, Konsolidierungen, Unterfangungen, Verankerungen). Ein ausführliches Literaturverzeichnis, vorwiegend von Veröffentlichungen aus kapitalistischen Ländern, schließt das mit guten und anschaulichen Bildern ausgestattete Buch ab.

Der Autor als anerkannter Fachmann gibt in dem Buch Antwort auf die Fragen und technischen Probleme, die die Injektionstechnik für verschiedene geologische Verhältnisse und die unterschiedlichsten Forderungen von seiten der Baupraxis zu lösen hat. Das gewinnt insofern immer mehr an Bedeutung, als schon heute die Wahl neuer Bauplätze so eingeschränkt ist, daß nur noch selten in jeder Hinsicht günstige Untergrundverhältnisse anzutreffen sind, sondern meistens mehr oder weniger ungünstige, die erst verbessert werden müssen.

M. LANGE

Neuerscheinungen und Literaturhinweise

TUMANOW, P. A.

Tektonik und Erdöl-Erdgas-Führung des Westteils der Voruralsenke

Moskau: Verl. Nauka 1969. 108 S., 11 Abb., 113 Lit.

ANDRUSOW, D.

Grundriß der Tektonik der nördlichen Karpaten

Bratislava: Verlag Slowakische Akademie der Wissenschaften 1968. 187 S. 7 Abb., 11 S. Lit.

BOGOMOLOW, G. W.

Methoden der Bewertung des unterirdischen Wasserhaushaltes

Minsk: Verlag Nauka i technika 1969. 53 S., 2 Abb., 2 S. Lit.

BROWN, D. A., u. a.

The geological evolution of Australia and New Zealand

Oxford–London (usw.): Verlag Pergamon Press 1968. 409 S., Abb., Taf., 24 S. Lit.

DOBROW, G. M.

Die Prognostizierung der Wissenschaft und Technik

Moskau: Verlag Nauka 1969. 207 S., 170 Lit.

DRESCHER-KADEN, F. K.

Granitprobleme

Berlin: Akademie-Verlag 1969. 586 S., 477 Abb., 3 Tab., 1 Kt., 19 S. Lit.

FEJTELMAN, N. G.

Die ökonomische Effektivität des Aufwandes zur Erschließung der mineralischen Rohstoffbasis der UdSSR

Moskau: Verlag Nauka 1969. 255 S., 5 Abb., 5 Tab., 12 S. Lit.

GERNGARDT, N. E.

Lenukoxen — ein neuer komplexer Rohstoff

Moskau: Verlag Nauka 1969. 79 S., 11 Abb., 14 Tab., 76 Lit.

HENTSCHEL, K., u. a.

Datenverarbeitung. Einführung in die Arbeitsweise und Programmierung elektronischer Datenverarbeitungsanlagen

Berlin: Staatsverlag der DDR 1969. 186 S., 33 Lit.

KÉZDI, A., & I. MARKO

Erdbauten, Standsicherheit und Entwässerung

Düsseldorf: Werner-Verlag 1969. 403 S., 509 Abb., 82 Taf., 2 S. Lit.

KLAUS, G.

Kybernetik und Erkenntnistheorie

Berlin: Deutscher Verlag der Wissenschaften 1969. 424 S., 55 Lit.

...

Kohle als Gestein und Rohstoff — Teil II

Leipzig: Deutscher Verlag für Grundstoffindustrie 1969. 68 S., 12 Abb., 4 Tab., 9 Lit. (Freiberger Forschungshefte, Geologie, C 242)

LEVORSEN, A. I.

Geology of petroleum

San Francisco and London: Verlag Freemann and Co. 1967. 724 S., getr. Abb., Tab., Lit.

MASON, B.

Principles of geochemistry

New York–London–Sydney: Verlag Wiley 1966. 329 S., getr. Abb., Tab., Lit.

MATHÉ, G.

Die Metabasite des sächsischen Granulitgebirges

Leipzig: Deutscher Verlag für Grundstoffindustrie 1969. 130 S., 19 Abb., 44 Taf., 9 Tab., 191 Lit. (Freiberger Forschungshefte, Geologie, C 251)

MERO, J.

The mineral resources of the sea

Moskau: Verlag Progress 1969. 440 S., getr. Abb., Tab., Lit. (russ.)

...

Methoden seismischer Forschung

Moskau: Verlag Nauka 1969. 144 S., getr. Abb., Tab., Lit. (Akademija Nauk SSSR/Trudy byn 46)

...

Operationsforschung in der sozialistischen Betriebswirtschaft. (Eine Sammlung von Beiträgen zur Anwendung der Operationsforschung auf die Modellierung von Parametern des betrieblichen Reproduktionsprozesses)

Leipzig: Karl-Marx-Universität 1969. 179 S., getr. Abb., Tab.

PETROW, R. P., u. a.

Über die Uranlagerstätten in den Eisenerzformationen des Präkambriums

Moskau: Verlag Atomisdat 1969. 71 S., 18 Abb., 62 Lit.

...

Probleme der Bildung von eisenhaltigen Gesteinen im Präkambrium

Kiew: Naukowa Dumka 1969. 311 S., getr. Abb., Tab., Lit.

...

Rock mechanics in engineering practice

London–New York–Sydney: Verlag Wiley 1968. 442 S., getr. Abb., Tab. Lit.

ROESLER, H.-J., & K. KOCH

Salzmikroskopie. Bestimmung der wichtigsten Minerale im salinaren Bereich nach verschiedenen mineralogischen Methoden

Freiberg: Bergakad. Freiberg 1968. Material für Fernstudium. 118 S., 11 Abb., 10 Tab., 31 Taf., getr. Lit.

RUTTEN, M. G.

The geology of Western Europe

Amsterdam–London–New York: Elsevier Publ. Comp. 1969. 520 S., 303 Abb., getr. Lit.

SIWOKON, W. I.

Untersuchung und Bewertung von Lagerstätten primärer Kaoline

Moskau: Verl. Nedra 1969. 135 S., 30 Abb., 19 Tab., 32 Lit.

TSCHERDYNZEW, W. W.

Uran — 234

Moskau: Atomisdat 1969. 308 S., 43 Abb., 77 Tab., Lit.

SMIRNOW, W. I.

Die Geologie der nutzbaren Bodenschätze

Moskau: Verlag Nedra 1969. 686 S., 418 Abb., 52 Tab., 305 Lit.

...

The main problems of anthropogen geology in Eurasia (For the VIII. Congress of INQUA)

Moskau: Verlag Nauka 1969. 132 S., getr. Abb., Tab., Lit.

WOLFSON, F. I.

Die Entwicklung der Erzlagerstättenkunde in der UdSSR

Moskau: Verlag Nauka 1969.

WEDENSKAJA, A. W.

Die Untersuchung von Spannungen und Störungen in Erdbebenzentren mit Hilfe der Dislokationstheorie

Moskau: Verlag Nauka 1969. 135 S., 28 Abb., 3 Tab., 91 Lit.

MECHTIJEW, S. F.

Probleme der Erdölgenese und der Bildung von Erdöl-Erdgas-Lagerstätten

Moskwa: Verl. AN As SSR 1969. 324 S., 24 Abb., 19 Tab., 9 S. Lit.

PATERSON, W.

The physics of glaciers

Oxford: Verl. Pergamon Press 1969. 250 S., getr. Abb., getr. Lit.

...

Proceedings of the eight assembly of the European Seismological Commission, Budapest 7.–13. 9. 1964

Budapest: Akad.-Verl. 1968. 376 S., getr. Lit. (dtsch. u. engl.)

ROSENBERG, M. D., u. a.

Filtration von Gas/Flüssigkeits- und anderen mehrkomponentigen Gemischen in Erdölschichten

Moskau: Verl. Nedra 1969. 452 S., getr. Abb., getr. Lit.

SCHÖN, J.

Die Ausbreitungsgeschwindigkeit elastischer Wellen in Lockerböden und ihre Beziehung zu bodenmechanischen Kennwerten

Leipzig: Dt. Verl. Grundstoffind. 1969. Freiberger Forsch.-H., C 250, 92 S., 55 Abb., 7 Tab., 103 Lit.

SCHÜRMANN, H. M. E.

The Pre-Cambrian along the Gulf of Suez and the northern part of the Red Sea

Leiden: Verl. Brill 1966. 404 S., 33 Abb., 55 Tab., 6 Kt., 19 S. Lit.

SCHWANOW, W. N.

Sandsteine und die Methoden ihrer Untersuchung (Verbreitung, Struktur, Textur)

Leningrad: Verlag Nedra 1969. 246 S., 99 Abb., 26 Tab., 423 Lit.

SERDJUKOWA, A. S., & Ju. T. KAPITANOW

Die Radonisotope und ihre kurzlebigen Zerfallsprodukte in der Natur

Moskau: Atomisdat 1969. 311 S., 53 Abb., 80 Tab., 220 Lit.

SPRY, A.

Metamorphic textures

Oxford: Verl. Pergamon Press 1969. 350 S., 31 Taf., 23 S. Lit.

STSCHEKA, S. A.

Petrologie und Erzführung der nickelhaltigen Dunit-Troktolith-Intrusionen des Stanowoj-Gebirges

Moskau: Verl. Nauka 1969. 132 S., 86 Abb., 45 Tab., 284 Lit.

...

Zum Problem des Zusammenhangs zwischen Ural und Tienschan

Alma-Ata: Verl. Nauka Ks SSR 1969. 231 S., getr. Abb., getr. Lit.

Informationen

Welterdölvorräte

Die gesamten bisher bekannten Erdölreserven der Welt belaufen sich nach kapitalistischen Schätzungen auf über 62 Mrd. t. Die Menge soll ausreichen, den Mineralölbedarf für 30 Jahre sicherzustellen, zumal ständig neue Vorkommen entdeckt werden. Von den Reserven entfallen auf den Nahen Osten 59%, knapp 10% auf Afrika, gut 15% auf Nord- und Südamerika und rd. 12% auf die sozialistischen Länder.

Erdgasleitung „Nordlicht" fertiggestellt

Der erste Strang der 1500 Kilometer langen Erdgasleitung „Nordlicht" mit 1220-mm-Rohren ist am Jahresbeginn fertiggestellt worden. Die Leitung führt von Wuktyl in der Autonomen Sowjetrepublik der Komi (Nordural) über Uchta und Rybinsk nach Torshok, wo sie in das europäische Gasleitungssystem der UdSSR einmündet. Sie beliefert große Industriebetriebe in Uchta und Leningrad sowie das Metallurgische Kombinat Tscherepowez mit Erdgas. Zur Zeit beträgt die tägliche Durchlaßfähigkeit der Leitung 7,5 Millionen Kubikmeter. In nächster Zeit soll die Leitung einen zweiten Strang erhalten.

12000-t-Tanker für die Wolga

Künftig werden auf der Wolga 12000-t-Tanker verkehren. Das erste von acht Fahrzeugen wird noch in diesem Jahre auf der Werft von Astrachan vom Stapel laufen. Bisher betrug die höchste Tragfähigkeit der Wolgaschiffe 5000 t.

Der erste große Tanker, die 150 m lange und 17,4 m breite „Mangyschlak", wird Erdöl von der gleichnamigen kaspischen Halbinsel zu den Raffinerien an der Wolga befördern. Das Schiff wird in zwei Teilen gebaut und nach einem besonderen Verfahren auf dem Wasser zusammengeschweißt, da die Werftanlagen für Tanker dieser Art zu klein sind.

Geplante Erdgasförderung in der VR Polen

Der Plan der Erdgasförderung für 1975 beträgt 12 Mrd. m^3, darunter ca. 5 Mrd. m^3 Erdgas mit einem Heizwert von 8500 kcal/Nm^3. Den Rest soll Erdgas mit einem Gemisch von Stickstoff bilden, das im Raum von Ostrow, Wielkopolski und Wrocław entdeckt wurde. 1980 sollen 19 Mrd. Nm^3 und 1985 ca. 28 Mrd. Nm^3 gefördert werden. Für geologische Forschungen im Bereich der Erdgas- und Erdölsucharbeiten sowie für die Bewirtschaftung der Vorkommen und den Ausbau der technischen Basis sollen im laufenden Fünfjahrplan ca. 13,5 Mrd. Zł und in den Jahren 1971 bis 1985 mehr als 100 Mrd. Zł aufgewendet werden.

Erdölförderungsanstieg in Ungarn

Den 25. Jahrestag der Befreiung Ungarns begingen die mehr als 7000 Arbeiter der südungarischen Erdölfelder mit hohen Produktionsverpflichtungen. Die sozialistischen Brigaden haben sich vorgenommen, 1970 — erstmals in der Geschichte der Erdölförderung in diesem Gebiet — mehr als eine Mill. t Erdöl zu fördern sowie die Erdgasproduktion auf drei Mrd. m^3 zu erhöhen.

Erdgas in der VR Ungarn

Die bisher erschlossenen ungarischen Erdgasvorräte werden auf etwa 100 Mrd. m^3 geschätzt. Die Entdeckung großer Erdgasvorkommen im Süden des Landes (Szegeder Becken) bringt für die Volksrepublik eine günstige Verlagerung in der Energieversorgung mit sich. Der Anteil der Kohle als Energieträger geht zugunsten der Kohlenwasserstoffe ständig zurück. Bis 1975 soll der Anteil des Erdgases an der Energieversorgung etwa 21% bis 22% betragen.

Kapitalexport westdeutscher Erdölkonzerne

Kurz vor der Jahreswende 1969/70 erhielt die westdeutsche Erdöl-AG das erste Rohöl vom Persischen Golf, das durch Kapitalexport dieses Konzerns aus dem neuerschlossenen Feld Fateh vor der Küste des Scheichtums Dubai gewonnen wurde.

In dem Feld sind gegenwärtig nur 6 Bohrungen produktiv. Die Förderung erfolgt aus zwei Kalksteinhorizonten der Kreide, die in rund 2300 m Tiefe mit einer nutzbaren Mächtigkeit von etwa 100 m angetroffen wurden. Die durchschnittliche Ausbeute je Bohrung beträgt, wenn beide produktiven Horizonte zusammen ausgebeutet werden, ca. 1500 t Rohöl täglich.

Untertageerdölspeicher bei Hamburg

Die westdeutsche Shell AG errichtet südlich von Hamburg bei Sottdorf einen Untertagespeicher für Erdöl. Die drei unterirdischen Kavernen mit einem Gesamtfassungsvermögen von 600000 m³ sollen in einem Salzstock in 600 bis 1000 m Teufe liegen, der sich über 2 km erstreckt. Zur Schaffung der Speicherräume müssen ca. 1,5 Mill. t Salz aus dem Gestein gelaugt und über Tage gebracht werden.

Erdöl- und Erdgasfelder der VAR

In der VAR wurden 1969 drei neue Erdöl- und Erdgasfelder wirtschaftlich erschlossen. Es sind die Felder bei Umm Barka in den westlichen Wüstengebieten, bei Abu Madi im Nildelta und die der Küste vorgelagerten Gebiete von Aboukir. Die Erschließungsarbeiten bei Umm Barka sollen bis Ende dieses Jahres zu einer Förderung von 3 Mill. t Erdöl führen.

Steigerung der polnischen Kohleförderung

Bei einer derzeitigen Jahresförderung von 133 Mill. t will die Volksrepublik Polen auch in den siebziger Jahren nicht auf die Steigerung der Kohleförderung verzichten. In den kommenden Jahren sollen in Polen 40 neue Schachtanlagen und 34 Wäschen in Betrieb genommen werden.

Braunkohlenvorräte der ČSSR

Die gesamten Braunkohlenvorräte der ČSSR betragen über 9 Mrd. t, davon ist ein Drittel gewinnbar. 94,2% der Vorräte liegen auf dem Gebiet der tschechischen Länder und 5,8% in der Slowakei. Die Vorräte sind auf die einzelnen Braunkohlenreviere wie folgt verteilt: nordböhmisches Braunkohlenrevier 80%, Sokolover Revier 14%, übrige Reviere 6%.

Kohlebergbau in der SFR Jugoslawien

Bei einer unbedeutenden Steinkohlenförderung von 1,2 Mill. t/a konnte die Braunkohlenförderung von 1950 bis 1965 um 146% auf 28,8 Mill. t gesteigert werden. 1963 bestritt der Kohlebergbau 40% des Primärenergieaufkommens, während die restlichen 60% durch Wasserkraft aufgebracht wurden. In diesem Jahre ist eine Steigerung der Kohleförderung um ca. 40%, bis 1975 eine weitere um 20% vorgesehen.

Uranoffensive westdeutscher Konzerne

Die westdeutsche Atomindustrie begann jetzt zur Sicherung ihrer Rohstoffbasis mit einer neuen Uranoffensive im Ausland. Die Urangesellschaft m.b.H. und Co. KG in Frankfurt am Main gab bekannt, daß sie in Australien Konzessionsgebiete erworben hat. Zusammen mit der „Uran-Erzbergbau GmbH" ist sie schon längere Zeit an Uranprospektionen in Labrador (Kanada) und in den USA beteiligt. Beide Unternehmen besitzen ferner in den afrikanischen Ländern Ghana, Togo, Somalia und Niger Urankonzessionen. Als dritte Gruppe hat die Otavi Minen- und Eisenbahngesellschaft u. a. von dem Rassistenregime in Südafrika eine Konzession für den Abbau „radioaktiver Mineralien" am Swakopfluß erhalten.

Welteisenerzvorräte

Die Wirtschaftskommission der UNO schätzt die Eisenerzvorräte der Welt mit 248 Mrd. t ein. Dadurch wird der Weltbedarf auf viele Jahrzehnte abgedeckt. Eine Ausfuhrsteigerung wird vor allem für Australien, Brasilien und die UdSSR vorausgesagt. Das Angebot wird die Nachfrage voraussichtlich erst 1980 ausgleichen.

Eisenerzvorkommen in Gabun

Die Eisenerzlagerstätte Mekambo in der Republik Gabun enthält mehrere Abschnitte mit 800 Mill. t Gesamtvorräten bei einem durchschnittlichen Fe-Gehalt von 60%. Die primären Itabiriterze der Lagerstätte liegen inmitten von Gneisen und Schiefern des Präkambriums und bilden positive Formen im Relief.

Eisenerzvorkommen von Kalabagh

Die für die Errichtung eines Hüttenwerkes ausreichenden Eisenerzvorkommen von Kalabagh werden auf 130 Mill. t mit 30–34% Fe-Gehalt geschätzt. Das sedimentäre Vorkommen ist flözartig in eine Serie mesozoischer Sedimente eingelagert. Als wichtigstes eisenführendes Mineral tritt Glaukonit auf. Daneben sind Limonit und Siderit vorhanden, Nebenmineral ist Quarz.

Neues Nickelerzvorkommen in Indien

Ein Vorkommen von schätzungsweise 38 Mill. t Nickelerz ist im Gebiet um Cuttack im östlichen Teil des Staates Orissa in Indien entdeckt worden. Laboruntersuchungen zeigten, daß das Erz einen Ni-Gehalt von 0,9% hat. Durch nasse Aufbereitung in Amoniaklauge soll eine Konzentration bis auf über 83% Ni-Gehalt erreicht werden. Der größte Teil des Erzes enthält außerdem 7% Kobalt.

Kupfergewinnung in den kapitalistischen Ländern

1966 betrugen die Produktionskapazitäten der Kupferbergwerke in den kapitalistischen Ländern 4,5 Mill. t. Durch Neubau und Rekonstruktion wird bis 1972 eine Erhöhung auf 5,9 Mill. t/a eintreten. Das jährliche Wachstum der Gewinnung wird im Mittel 5,5% ausmachen und sich nach Jahren (von 1967–1972) (in 1000 t) ungefähr auf 211, 225, 300, 315, 380, 370 verteilen. Die zusätzlichen Investitionen für die Erhöhung der Förderung sollen in diesen sechs Jahren ca. 3 Mrd. Dollar betragen.

Ionenflotation erhöht Metallausbeute

Mit Hilfe eines in der Sowjetunion entwickelten Verfahrens der Ionenflotation können seltene Metalle aus Lösungen und Erzen abgeschieden werden, die bisher als nicht verwertbar galten. Die Anwendung dieses Verfahrens in dem Bergwerks- und Hüttenkombinat Balchasch in Kasachstan macht es möglich, Kupfer, Molybdän und Thenium auszuscheiden.

Bei der Ionenflotation wird der Erzpulpe ein Stoff zugesetzt, der die wertvollen Metalle in Form von Schaum an die Oberfläche trägt. Für diese Zwecke sind in der UdSSR bereits zahlreiche hochwirksame organische Reagenzien entwickelt worden.

Weltenergieverbrauch im Jahre 2000

Nach einer Prognose der ESSO AG, dem westdeutschen Filialunternehmen des USA-Konzerns Standard Oil, soll der Weltenergieverbrauch von zur Zeit ca. 6 auf 23 Mrd. t SKE bis zum Jahre 2000 ansteigen. Dabei wird der Anteil der Kohle von ca. 35% 1970 auf 17% im Jahre 2000 sinken. Der absolute Kohleverbrauch, der gegenwärtig 2,6 Mrd. t beträgt, wird sich allerdings im Jahre 2000 auf 4 Mrd. t erhöhen. Der Anteil des Erdöls soll sich von jetzt 41% nur auf 44% steigern, der absolute Erdölverbrauch wird sich aber mehr als verdreifachen. Im gleichen Zeitraum wird der Anteil des Erdgases am Weltenergieverbrauch nahezu konstant bleiben, vorausgesetzt, daß keine großen neuen Vorkommen unerwartet entdeckt werden. Der Anteil der Kernenergie wird im Jahre 2000 20% betragen. Die ESSO AG gibt im einzelnen folgende Vorausschätzungen für die Entwicklung des Weltenergiebedarfs (Abb.):

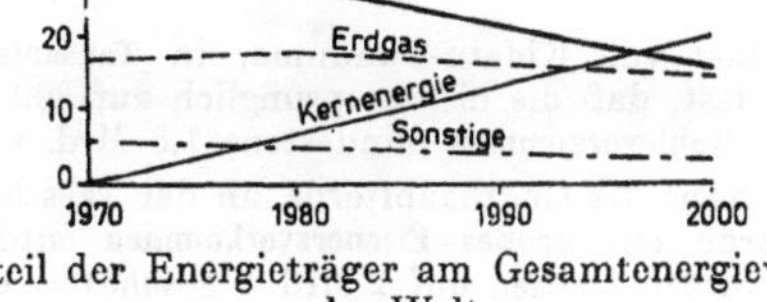

Abb. Anteil der Energieträger am Gesamtenergieverbrauch der Welt

Energiekonzept in Österreich

Das Energiekonzept der österreichischen Regierung sieht folgende Entwicklungstendenzen vor: Für den Zeitraum bis 1975 wird sich eine jährliche Steigerung des Energieverbrauchs um 3,7% und von 1975 bis 1980 um 3,5% ergeben. Der Anteil der Steinkohle am Endverbrauch soll in den nächsten Jahren unter 1%, der der Braunkohle auf 2,8 und 1,4% sinken. Auch der Koksverbrauch wird auf 7,8 und 6% fallen. Dagegen wird der Anteil der Mineralölprodukte von 46% auf 58% und 61% steigen. Im gleichen Zeitraum wird sich der Anteil der Erzeugung elektrischer Energie von 14% auf 16% und 17% erhöhen.

Die Struktur des Primärenergieverbrauchs wird sich ungünstig im Verhältnis zu den festen Brennstoffen entwickeln, deren Anteil am Gesamtabsatz von 32% (1967) auf 16,9% (1975) und 12,8% (1980) zurückgehen soll. 1975 wird der Rohölanteil ca. 60% und 1980 bereits 65% betragen. Bis 1975 soll der Naturgasanteil von 10,9% auf 12,7% ansteigen, dann aber bis 1980 wieder auf 10,9% zurückgehen. Die Wasserkraft wird 1975 einen Anteil von 10% und 1980, zusammen mit der Kernenergie, einen Anteil von 11,5% am Gesamtenergieverbrauch haben.

Schwefelproduktion der VR Polen

1952 entdeckten bekanntlich Warschauer Geologen reiche Schwefelvorkommen in den Gebieten von Tarnobrzeg und Staszów. 1956 wurde mit dem Bau der ersten Schwefelgrube begonnen. Bis Ende 1966 lieferte das Kombinat bereits 2 Mill. t Schwefel. Zum selben Zeitpunkt rückte Polen auf den 2. Weltplatz der Schwefelproduzenten und wurde somit vom Schwefelimporteur zum Exporteur.

Während der Schwefelexport 1961 erst 42000 t betrug, stieg er z. B. 1967 auf 722000 t. Da Schwefel auf den Weltmärkten z. Z. sehr gefragt ist, soll der Export von Schwefel und verarbeiteten Schwefelprodukten weiter gesteigert werden.

Die Schwefelproduktion soll in diesem Jahr 2 Mill. t erreichen, also soviel, wie die Gesamtproduktion bis 1966 ausmachte. Die gesamten Schwefelvorkommen entlang der Weichsel werden auf 100 Mill. t geschätzt.

Bodenschätze aus dem Meer

Aus 1 km^3 Sedimenten des Meeresbodens können ca. 21 Mill. t Chlornatrium, 0,9 Mill. t Magnesia, 0,6 Mill. t Schwefel, 3000 t Bor, 400 t Aluminium, 7,3 t Mangan, 7,3 t Kupfer, 1 t Uran und 400 kg Molybdän gewonnen werden. Damit sind praktisch alle chemischen Elemente in den Wässern der Meere und Ozeane enthalten. In Tiefen von 3,5 bis 4 km werden im Stillen Ozean Eisen-Molybdän-Konkretionen mit einem Durchmesser von 0,05 mm bis 20 cm gewonnen, die auch Kupfer, Kobalt und Phosphate enthalten. Durch Verwendung einer Spezialausrüstung, die auf einem Schiff montiert ist, wird der Abbau von Lagerstätten auf dem Meeresboden billiger als bei gewöhnlichen bergmännischen Arbeiten auf dem Festland.

Erkundung des Pamir

Mitarbeiter des Instituts für Geologie der Akademie der Wissenschaften Tadshikistans unternahmen im Sommer 1969 eine Pamir-Expedition. Zu den Forschungsergebnissen gehörte u. a. das Studium der vulkanischen Tätigkeit im Zentralpamir, das zur Aussonderung von sechs Magmakomplexen unterschiedlichen Alters führte. Damit können Typen von Lagerstätten und deren Grenzen genauer festgestellt werden.

In den Südwestrayons Tadshikistans wurden uralte Bergrutsche entdeckt. Nicht ausgeschlossen ist, daß sich einige der Bergmassive unter bestimmten Bedingungen (beispielsweise erhöhte Feuchtigkeit, Erdbeben usw.) weiter verschieben werden. Die Forschungsergebnisse sollen vor dem Bau verschiedenartiger Anlagen, die für diese Gegenden eingeplant sind, präzisiert werden.

Präparation mit Sandstrahlgerät

Nach einem Aufsatz von Kühn-Schnyder in „Die Naturwissenschaften" (Jg. 56, 1969, H. 6) wurde ein in Amerika 1968 gebautes Sandstrahlgerät zur Präparation von Fossilien jetzt weiterentwickelt. Das neue Gerät arbeitet außerordentlich präzise und bringt erhebliche Zeitersparnis mit sich. So konnten fossile Fische in 8 bis 36 Stunden präpariert werden; mit den herkömmlichen Methoden werden dazu 8 bis 12 Wochen benötigt. Der Einsatz dieses Gerätes erfordert neben Übung und Können die Benutzung des Binokulars.

Kurznachrichten

In der Nähe von **Jaroslawl,** in der UdSSR, sind sowjetische Geologen auf **Erdöl** und **Erdgas** gestoßen. Die Vorräte der Lagerstätten werden auf 2 Mrd. t Erdöl geschätzt.

In der **Ungarischen VR** wird eine neue **Erdgasraffinerie** mit einem Kostenaufwand von 230 Mill. Forint nahe der Stadt Algyö gebaut. Sie soll Anfang 1970 die Produktion aufnehmen und die Fernleitung Algyö—Dunavaros—Budapest sowie ganz Südungarn mit Gas versorgen.

Westlich von Ohanet und nördlich von Edjeleh in **Algerien** wurde ein bedeutendes **Erdölvorkommen** entdeckt. Bereits jetzt kann hier mit einer Produktion von 5 Mill. t/Jahr gerechnet werden.

In **Israel** wurde ein neues wirtschaftlich lohnendes **Erdölvorkommen** bei Bohrungen westlich des Toten Meeres entdeckt. Die Fundstelle liegt in Gourim, 8 km südlich Arads.

Bei Hockianga, etwa 190 km nordöstlich von Auckland in **Neuseeland,** wurden Anzeichen von **Kohlenwasserstoffen** gefunden. Die Erdöl- und Erdgasspuren liegen zwischen 900 und 1000 m Teufe in Sandstein- und Schieferformationen.

Im Gebiet von Kidatu-Tunduma, in **Tansania,** stellten Geologen fest, daß die hier ursprünglich auf 300 Mill. t geschätzten **Kohlevorkommen** mindestens 1,5 Mrd. t betragen.

In der Nähe des Godthaabfjords, an der Westküste **Grönlands,** wurde ein großes **Eisenerzvorkommen** entdeckt. Die Eisenerzvorräte werden auf 2 Mrd. t geschätzt, der Eisengehalt wird mit rd. 38% angegeben.

In **Indien** sollen ab 1971 etwa 51000 t **Kupfer** jährlich produziert werden. Diese Menge wird 50% des Landesbedarfs decken. Die gegenwärtige Kupferproduktion beträgt weniger als 10000 t/Jahr.

Im Bezirk Abitibi, in **Kanada,** wurde eine neue, intensiv mineralisierte **Chalkopyritzone** erschlossen. Durch die vorläufige Bemusterung konnte ein Cu-Gehalt bis zu 9,3% (Pb bis zu 22 g/t) nachgewiesen werden.

Die Vorräte der ersten wirtschaftlich verwertbaren Lagerstätten von Chrysolith-**Asbest,** die westlich Ciudad Victoria im mexikanischen Bundesstaat **Tamaulipas** entdeckt wurden, betragen ca. 200 Mill. t.

In Figuil bei Garoua in der Bundesrepublik **Kamerun** wird eine **Zementfabrik** mit 46000 t/a errichtet, die 1971 angefahren werden soll. In Duala wird außerdem ein Klinkermahlwerk mit 100000 t/a gebaut.

Bis Mitte 1972 wird in **Westdeutschland** die Kapazität der auf Braunkohlenbasis betriebenen **Wärmekraftwerke** von z. Z. 8500 MW auf 11000 MW ansteigen. Schwerpunkt bleibt das rheinische Revier. Dazu ist die Kohlenbereitstellung 1972 auf 70 Mill. t zu erhöhen.

Im **Japanischen Meer** führen sowjetische Wissenschaftler mit dem Expeditionsschiff „Perwenez", das mit modernsten Geräten, darunter einem Protonenmagnetometer, ausgestattet ist, **geophysikalische Messungen** durch.

In der **Türkei** soll die jährliche **Schwefelproduktion** auf 30000 t erhöht werden.

In den nächsten Heften

der

Zeitschrift für angewandte Geologie

erscheinen u. a. folgende Beiträge

H. MATSCHAK & A. RIETSCHEL: Bodenmechanische Kennwerte von Mittelsanden aus den Deckgebirgsschichten im Spreetalbereich und ihre Beziehungen untereinander

I. VOGEL & R. SCHÄBITZER: Zur geologischen Situation der Kohlensäureausbrüche im Werra-Gebiet unter besonderer Berücksichtigung des Grubenbetriebes „E. Thälmann“

R. SCHUBERT & W. STEINER: Der Thüringische Dachschiefer, seine gesteinstechnischen Eigenschaften und seine Verwendung als Werk- und Dekorationsstein

K.-H. ELERT: Probleme der salzgenetischen Terminologie

W. BITTERLICH & H. WÖBKING: Ein neuer meßtechnischer Vorschlag zur Bestimmung der elektrischen Tortuosität von Gesteinen

E. v. HOYNINGEN-HUENE: Das lithologisch-stratigraphische System des Zechsteins in der DDR als Grundlage zur Standardisierung der Zechstein-Nomenklatur

A. W. SIDORENKO & O. I. LUNEWA: Die Bedeutung von Konglomeraten für das Erkennen der Geschichte des Präkambriums

W. A. KRUPENNIKOW: Die Gesetzmäßigkeiten der Verteilung von Uranerzlagerstätten in kohlig-kieseligen Schiefern und Kalksteinen

N. E. BYKOW, A. I. STEPANOW, M. N. KOTSCHETOW & I. P. GATTENBERGER: Methodische Fragen der industriellen Erkundung und Vorratsberechnung bei der Vorbereitung von Erdöllagerstätten zum Abbau

N. M. ROSENBERG: Über die Effektivitätsberechnung geologischer Erkundungsarbeiten bei der Berechnung der Vorräte von Erdöl- und Erdgaslagerstätten

E. M. US: Die Effektivität geologischer Erkundungsarbeiten auf Erdgas und die Abbauvorbereitung der tieflagernden Gaskondensatlager im Gebiet von Krasnodar

A. HEYNKE & G. ZÄNKER: Zur Ausbildung und Leitbankgliederung des Staßfurtsteinsalzes im Südharzkalirevier

I. BURCHARDT: Zur Minerogenie der Manganakkumulationen in unterkarbonischen Kieselschiefern am Elbingeröder Komplex (Harz)

E. KÜNSTNER: Inkohlungsuntersuchungen und geothermische Betrachtungen am Beispiel des Oberkarbons im Erzgebirgischen Becken unter besonderer Berücksichtigung des Reflexionsvermögens der Flözvitrinite

J. N. BELEWZEW: Die Entstehung erzbildender Lösungen

E. T. SCHATALOW: Vorschläge zur Bezeichnung und Definition erzführender Flächen

F. I. KOTJACHOW u. a.: Die Speichereigenschaften der karbonatischen Gesteine des Woronesh-Horizonts auf der Erdöllagerstätte Retschiza

W. P. PETROW & N. I. SERGEJEW: Über Pechsteinvorkommen in der Umgebung von Meißen

ABHANDLUNGEN

des Zentralen Geologischen Instituts

Zuletzt erschienen

Heft 8

H. DÖRING, W. KRUTZSCH, D. H. MAI, E. SCHULZ

Erläuterungen zu den sporenstratigraphischen Tabellen vom Zechstein bis zum Oligozän

1966 — 149 Seiten — 8 Anlagen-Tabellen — Halbleinen M 15,—

Heft 9

Instruktion für die Anfertigung einheitlicher ingenieurgeologischer Grundkarten

1967 — VIII und 35 Seiten — Farb- und Zeichenerklärung — 9 Anlagen — Halbleinen M 15,—

Heft 10

Klimaänderungen im Tertiär aus paläobotanischer Sicht

1967 — LII und 228 Seiten — 28 Abbildungen — 11 Bildtafeln — Halbleinen M 30,—

Heft 11

H. KÄSTNER

Zur Geologie der Kalisalz- und Kohlensäurelagerstätten im südlichen Werra-Kaligebiet

1969 — XI und 96 Seiten — 23 Abbildungen — 2 Tabellen — Halbleinen M 25,—

Heft 13

P. PUFF

Über den Unteren Buntsandstein am Südrand des Thüringer Beckens

1969 — VII und 97 Seiten — 25 Abbildungen — 13 Tabellen — Halbleinen M 25,—

Heft 14

Engineering-Geological Mapping in the Countries of the Council of Mutual Economic Aid

1968 — X und 148 Seiten — 28 Abbildungen — 6 Tabellen — 10 Anlagen — Halbleinen M 30,—

Heft 16

H. LANGE, C. SCHRÖTER

Bibliographie der geologischen Wissenschaften für die Deutsche Demokratische Republik, Veröffentlichungen des Jahres 1967

1969 — 279 Seiten — Halbleinen M 40,—

In Vorbereitung befinden sich

Heft 15

H. PFEIFFER

Stratigraphisches Korrelationsschema für das Dinant der Deutschen Demokratischen Republik

Heft 17

C. ADAM

Beiträge zur Kenntnis der Kaoline und Tertiärtone in Nordostsachsen

---

Bestellungen nimmt die Vertriebsstelle des Zentralen Geologischen Instituts, 104 Berlin, Invalidenstraße 44, entgegen.

Herausgeber: Zentrales Geologisches Institut im Auftrag des Staatssekretariats für Geologie beim Ministerrat der Deutschen Demokratischen Republik. Für die kollektive Chefredaktion: Dr. K. KAUTER (Redaktionssekretär), Berlin. Redaktion: 1054 Berlin, Zionskirchstraße 34 (Fernsprecher 426001). Verlag: Akademie-Verlag GmbH, 108 Berlin, Leipziger Straße 3—4 (Fernsprecher 220441, Telex 0112020, Postscheckkonto: Berlin 35021). Bestellnummer des Heftes 1047/16/6. Alleinige Anzeigenannahme DEWAG-WERBUNG, 102 Berlin, Rosenthaler Str. 28—31, und alle DEWAG-Betriebe in den Bezirksstädten der DDR. Die „Zeitschrift für angewandte Geologie“ erscheint monatlich, Exportpreis: M 6,—, Sonderpreis für die DDR: M 2,— je Heft. — Satz und Druck: VEB Druckhaus „Maxim Gorki“, 74 Altenburg. Veröffentlicht unter der Lizenznummer 1279 des Presseamtes beim Vorsitzenden des Ministerrates der Deutschen Demokratischen Republik, Kartengenehmigung Nr. 242/70, Nr. 508/70

84114

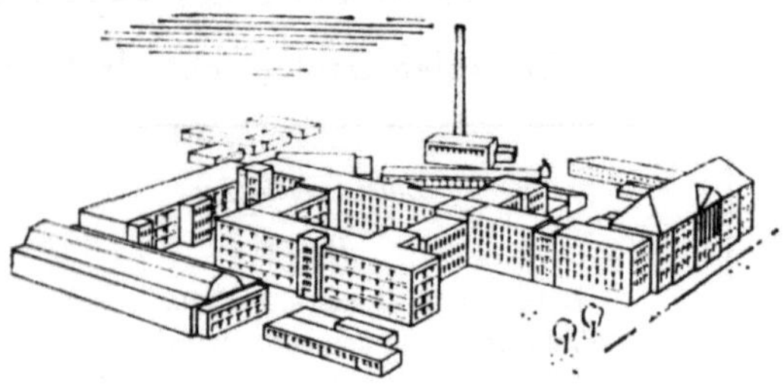

minosinex

Eine Neuheit auf dem Gebiet der mineralogischen Präparationstechnik zur maschinellen Herstellung von Gesteinsdünnschliffen, wie sie z. B. für mikroskopisch-petrografische Gesteinsuntersuchungen benötigt werden. Mit diesem Gerät ist es erstmals möglich, Dünnschliffe bis zu einer Dicke von 0,02 ... 0,03 mm maschinell herzustellen. Die den neuesten Erkenntnissen entsprechenden kinematischen Verhältnisse des Schleifprozesses garantieren völlig ebene und parallele Schliffe hoher Qualität. Ausgereifte Schleiftechnologien, die mögliche gleichzeitige Bearbeitung von 8 Präparaten auch unterschiedlicher Materialien, der Bedienungskomfort und die durch die weitgehende Mechanisierung geringe physische Belastung des Laborpersonals steigern entscheidend die Arbeitsproduktivität.

Lieferung in der DDR durch die Versorgungskontore für Maschinenbau-Erzeugnisse

Bei Fragen zur Produktsicherheit wenden Sie sich bitte an:
If you have any questions regarding product safety,
please contact:

Walter de Gruyter GmbH
Genthiner Straße 13
10785 Berlin
productsafety@degruyterbrill.com